JN238911

明日からビジネスで使える！

ExcelとRによるデータ解析入門

上村龍太郎　北島良三　竹内晴彦　山下俊恵　吉岡 茂　著

丸善出版

まえがき

　現代のビジネスでは，データの量は加速度的に増大しており，さらに複雑になっている．そこで各種の分析手法を駆使し情報を引き出す能力が最も重要な能力の一つとなってきている．しかし，ビジネスの現場ではデータ分析の手法が十分に活用されているとは限らない．分析の手法を理解することは，必ずしも現実の問題に適用できることを意味するものではないからである．

　そこで，現実のビジネスへの応用の観点から本書は書かれており，その特徴は次の3点に要約できる．

- 実際のデータによる分析手法の理解，
- 従来のデータ分析の手法と知的データ分析手法の理解，
- ExcelからRへの自然な移行

　まず，実際のデータによる分析手法の理解を本書は目指している．分析手法をどのように現実の問題に応用していくかを中心に説明している．すなわち，現実のデータを用い，分析手法を理解し応用できるように配慮されている．

　次に，伝統的なデータ分析手法(第1章から第6章)の説明に加えて，知的データ分析の方法(第7章と第8章)も紹介している．コンピュータの計算能力が飛躍的に高まるにつれて，知的データ分析手法のビジネスへの応用も現実ものになりつつある．従来のデータ分析の手法に加えて知的データ分析の手法を知ることも必要となってきている．知的データ分析の手法は，複雑なデータの分析に向けて開発されてきており，ビジネスデータ分析には有効であると考えられる．

　さらに，ExcelからRへの移行である．Excelは，データ解析のツールとして幅広く利用されているが，利用できる解析手法は限られている．ビジネスデータは多様であり多くの異なった解析手法が必要となる．Rはフリーのプログラム言語であり，特にデータ解析向けに開発されている．多数の解析手法をパッケージ化しており，利用できるパッケージは常に増加している．Rを利用できることはデータ解析の活用の範囲が大きく広がることを意味している．本書では，ExcelとRを実際に体験してもらうためにデータとプログラムを以下からダウンロードで

きるようにした (ユーザー名 ExcelR，パスワード Dtanlyss でログインする)．

- http://pub.maruzen.co.jp/space/Excel_R_kaiseki/あるいは簡単に
- http://goo.gl/50eXbS

chap$n$.zip 内に各章で用いるデータやプログラムがまとめて入っている．実際にプログラムを使い分析のプロセスを体験してもらいたい．

　最後に，本書を企画し執筆する際には多くの人々の支援をいただいた．特に丸善出版の三崎一朗氏には企画の段階から多くのご助言をいただいた．執筆者一同ここに感謝の意を表するものである．

2014 年 6 月

執 筆 者 一 同

執 筆 者 一 覧

上村龍太郎　東海大学情報教育センター・総合理工学研究科
　　　　　　総合理工学専攻 [3, 7, 8 章]

北 島 良 三　東海大学総合理工学研究科
　　　　　　総合理工学専攻 [1, 3, 7 章]

竹 内 晴 彦　独立行政法人 産業技術総合研究所
　　　　　　ヒューマンライフテクノロジー研究部門 [4, 5 章]

山 下 俊 恵　神奈川大学理学部数理物理学科，秀明大学 IT 教
　　　　　　育センター [2 章]

吉 岡　　茂　立正大学地球環境科学部環境システム学科 [6 章]

(2014 年 6 月現在，五十音順．[ ] 内は執筆した章)

目 次

1 基本的操作法 1
   1.1 Excel の準備 1
   1.2 R の準備 2
   1.3 Excel の基本操作 7
   1.4 R の基本操作 13

2 データの要約 21
   2.1 データの要約とは 21
   2.2 Excel による実データの要約 34
   2.3 R によるデータの要約の手順と実データへの応用 38

3 回帰分析 47
   3.1 回帰分析とは 47
   3.2 回帰式とその推定 48
   3.3 単回帰分析 50
   3.4 重回帰分析 56
   3.5 回帰分析の課題と有用性 66
       練習問題 67

4 クラスター分析 69
   4.1 クラスター分析とは 69
   4.2 クラスター分析の手順 70
   4.3 Excel による計算方法の説明 71
   4.4 R によるクラスター分析の実行 77
       練習問題 81

5 主成分分析 ... **83**
- 5.1 主成分分析とは ... 83
- 5.2 主成分分析の手順 ... 85
- 5.3 Excel による計算方法の説明 ... 86
- 5.4 R による主成分分析の実行 ... 94
- 練習問題 ... 99

6 因子分析 ... **101**
- 6.1 因子分析とは ... 101
- 6.2 因子分析の手順 ... 104
- 6.3 R による因子分析の実行 ... 105
- 練習問題 ... 117

7 階層型ニューラルネットワーク ... **119**
- 7.1 ニューラルネットワークの学習 ... 119
- 7.2 階層型ニューラルネットワーク ... 120
- 7.3 学習方法 ... 122
- 7.4 為替レート予測への適用 ... 124
- 7.5 問題点 ... 131
- 7.6 階層型ニューラルネットワークの可能性 ... 132
- 練習問題 ... 132

8 自己組織化マップ ... **133**
- 8.1 自己組織化マップの自動車産業分析への応用 ... 133
- 8.2 競合学習と自己組織化マップ ... 135
- 8.3 自動車産業の分析 ... 138
- 8.4 自己組織化マップの問題点 ... 147
- 8.5 人工神経回路網のビジネスへの応用 ... 148
- 練習問題 ... 148

参考文献 ... **151**

索引 ... **153**

1 基本的操作法

本章では本書で使用するソフトウェアである Excel と R のインストールおよび設定，そしてそれら基本的なツールの操作方法について説明する．

1.1 Excel の準備

Excel はほとんどの PC にインストールされており，

- 直感的に操作が可能，
- 簡単な計算から Excel 関数による複雑な計算まで可能，
- 相関や回帰分析などを実施するデータ分析機能が用意されている，

などの特徴があり，使い勝手がよい．

本書では一部の計算に分析ツール (図 1.1) を用いるものの，基本的には標準にインストールされる機能のみを用いて計算を行う．

「分析ツール」はデータ分析を行う機能で，相関・共分散・ヒストグラム・回帰分析などの統計処理を行う機能である．分析ツールを使用するには，各コンピュータに分析ツールを読み込む必要がある．読込み方法は使用する Excel のバージョ

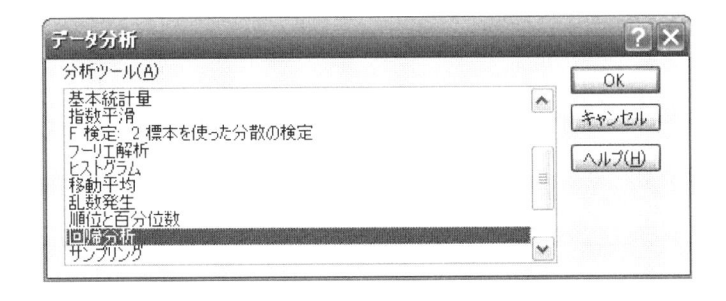

図 **1.1** 分析ツール

ンによって異なるため,「ヘルプ」から「分析ツール」をキーワードにしらべ,それを参考に設定をされたい.

1.2 Rの準備

Rは統計専門のソフトウェアで,

- 無料で使用可能,
- 統計手法や人工知能など,数多くの分析手法が使用可能,
- 複雑な計算処理が実施可能,

という特徴をもつ.

操作はキーボードによるコマンド入力がメインで,プログラミングの知識も少々要求されるが,プロも利用するほど有力な統計ソフトである.

Rがインストールされていない場合は,以下の手順でダウンロードおよびインストールができる.ここでは,本書の2012年6月現在の最新版であるバージョン2.15.1をインストールする.

a. Rのダウンロード

Rのプログラム(パッケージ)は,つぎの公式サイト

http://www.r-project.org

からダウンロードできる.サイトに接続し,図1.2のページを開いて以下の手順(1)–(5)を実行する.

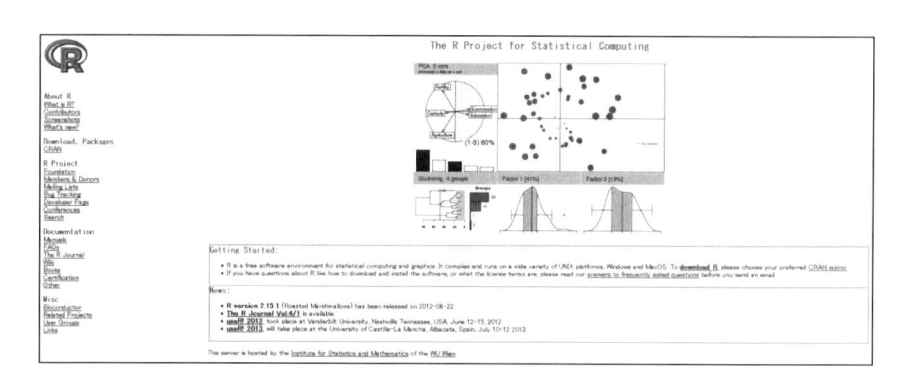

図 **1.2** 公式サイト

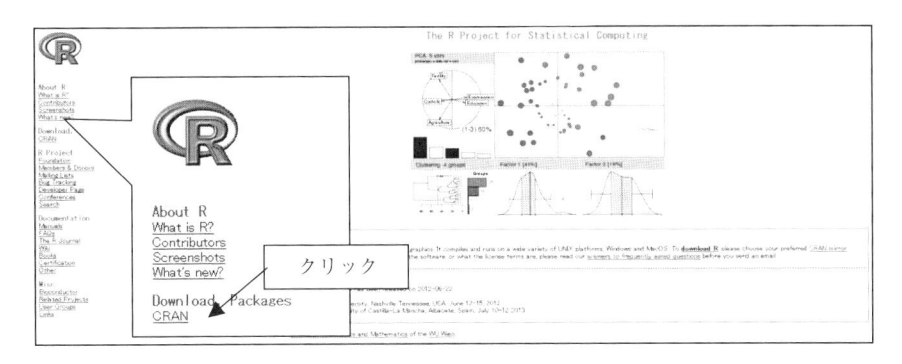

図 1.3

(1) 左側のメニューにある CRAN をクリックする (図 1.3).
「CRAN」とは，R パッケージが配布されているネットワークで，世界各国にミラーサイトが存在している．どこからダウンロードしても構わないが通常は所在国のサイトを使用する．

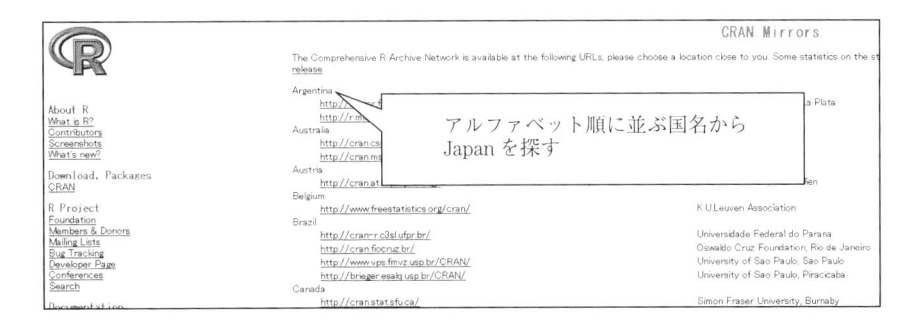

図 1.4

(2) 国の一覧から Japan を探す (図 1.4).
現在日本には 3 つのサイトがある．使用するサイトは自分の所在地に近いサイトで構わない (図 1.5).

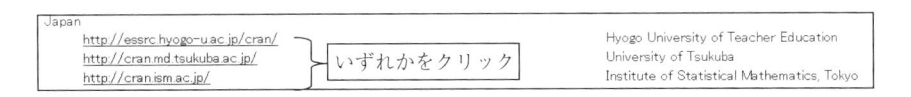

図 1.5

図 1.6

(3) 使用する OS 用のリンクをクリックする．本書では Windows の使用を想定し，「Download R for Windows」をクリックする (図 1.6)．
(4) 続いて「base」をクリックする (図 1.7)．

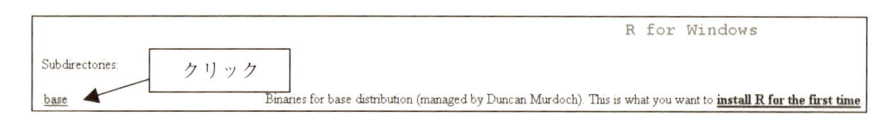

図 1.7

(5) 「base」のリンク先にある「Download R 2.15.1 for Windows」をクリックするとダウンロードが開始される (図 1.8)．

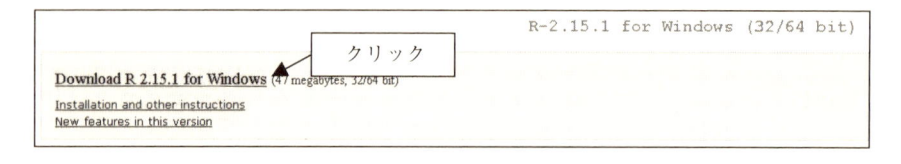

図 1.8

2.15.1 (数字部分) はバージョンを表す．インストール時点の最新バージョンによって異なるので注意されたい．ダウンロードした R は任意の箇所に保存しておく．

b. R のインストール

ダウンロードした R のインストール手順はつぎのとおりである．

(1) ダウンロードして保存した R のアイコン (図 1.9) をダブルクリックして開く．

図 **1.9**　R のインストール 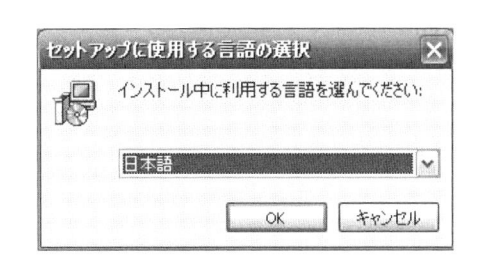　　　　図 **1.10**　手順 (1)

図 **1.11**　手順 (2) 　　　　図 **1.12**　手順 (3)

するとセットアップ画面が表示され,「セットアップ中に使用する言語の選択」(図 1.10) 画面が表示されるので日本語を選択し「OK」をクリックする.
(2) 「インストールの開始」画面 (図 1.11) が表示されるので「次へ」をクリックする.
(3) R のライセンスなどの情報を示した画面 (図 1.12) が表示されるので確認し「次へ」をクリックする.
(4) 「インストール先の指定」画面 (図 1.13) が表示される.インストール先は通常変更する必要はないので,何も変更せず「次へ」をクリックする.
(5) インストールする R の内容を選択する画面 (図 1.14) が表示されるので,各コンピュータの OS の環境 (32bitOS か 64bitOS か) に応じたものを選択し,「次へ」をクリックする.
(6) 「起動時オプション」の選択画面 (図 1.15) が表示される.本書では何も変更せずにインストールするので,そのまま「次へ」をクリックする.
(7) 「プログラムグループの指定」画面 (図 1.16) が表示される.スタートメニュー

6   1 基本的操作法

図 **1.13**　手順 (4)

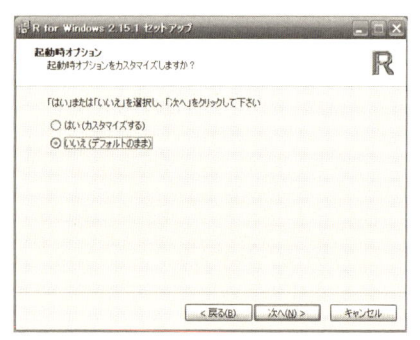

図 **1.14**　手順 (5)

図 **1.15**　手順 (6)

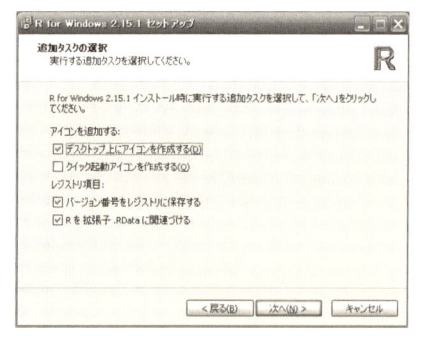

図 **1.16**　手順 (7)

図 **1.17**　手順 (8)

図 **1.18**　手順 (9)

における表示名を指定できる．本書では何も変更せずにインストールするので，そのまま「次へ」をクリックする．
(8) (8)「追加タスクの選択」画面 (図 1.17) が表示される．本書では何も変更せずにインストールするので，そのまま「次へ」をクリックする．
(9) インストールが始まる．しばらく経って終了すれば，「完了」(図 1.18) をクリックし，インストールは終了する．

1.3 Excel の基本操作

　この節では Excel の基本的な使用方法を説明する．その他方法は次章以降で適宜説明する．基本的な操作を知っている場合，本節は読み飛ばしてよい．

1.3.1 基本的な名称

　Excel は表計算ソフトともよばれ，薄い線で区切られた集計表 (ワークシート) を活用する．区切られたマス目を**セル**という．横方向を**行** (row)，縦方向を**列** (column) といい，それぞれに振られた数字とアルファベットによって，各セルは A1 セル，B2 セルなどのように番地付けされる．太い線で囲まれているセルが現在選択しているセル (**アクティブセル**) である (図 1.19)．

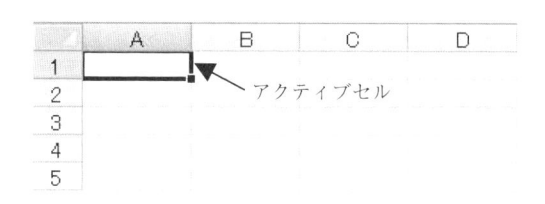

図 1.19　セル

1.3.2 計算を行う (セルの参照)

　計算に使用する四則演算，累乗の記号を表 1.1 に示す．学校で習った数学の演算記号と異なるものがあるので注意されたい．

　計算はセルに「=」を入力し，続けて数式を入力することで実施できる．足し算や掛け算の計算順序なども「( )」で囲むことでコントロールできる．

　たとえば消費税 (税率 5%) の計算，「$(420 + 99) \times 1.05$」を計算する場合は，空白のセルに=(420+99)*1.05 と入力することで計算できる．また，図 1.20 のよう

表 1.1　演算記号一覧

演算名	記号	名称
足し算	+	プラス
引き算	−	マイナス
掛け算	*	アスタリスク
割り算	/	スラッシュ
累乗	^	カレット

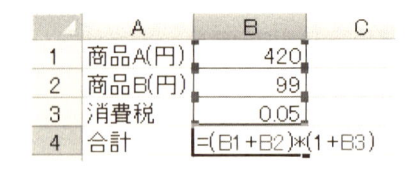

図 1.20　セル参照による計算

に,「=」に続けて，数値のかわりに各数値のセルの番地 (B1 など) を指定する**セル参照**という方法を用いても計算できる．セルの指定方法は，セルの番地を直接計算式に記述する方法，あるいはマウスを用いて数字の入っているセルを左クリックする方法で指定できる．

1.3.3　計算を行う (関数の使用)

「複数のデータの合計 (総和) を求める」，「平均を求める」など，よく行われる計算では，あらかじめ計算公式が登録されている「関数」を使用して計算することができる．図 1.21 に総和を求める関数，図 1.6 に平均値を求める関数の使用例を示す．

総和を求める関数は SUM である．図 1.21 のセル B6 に SUM(B1:B4) という入力があるが，それが総和を求める関数である．SUM の後の (B1:B4) は計算の範囲を表している．

図 1.22 のセル C6 に入力されている AVERAGE は平均値を求める関数である．SUM の場合と同じく AVERAGE の後の (C2:C5) は計算の範囲を表している．

図 1.21　合計する関数 SUM()　　図 1.22　平均値を計算する関数 AVERAGE()

1.3.4　すばやくデータを入力する (オートフィル機能)

計算方法から離れて，ここでは数字が入力されているセルをドラッグするだけで，データを自動入力できるオートフィル機能を紹介する．

a.　同一の内容を入力

はじめに同一の内容を複数入力する場合を紹介する．ここで A1 から A5 までに数字の「1」を入力したいとする．この場合 A1 セルに 1 を入力した後，フィルハンドルを A5 セルまでドラッグすること (図 1.23a–c の手順) で容易に同一内容の入力が行える．これは行に対しても行える．

b.　連続データの入力

今度は A1 に 1，A2 に 2，A3 に 3，A4 に 4，そして A5 に 5，などと通しで番号を入力することを想定する．今回の場合もまずは図 1.23a–c までの作業を行い，A1

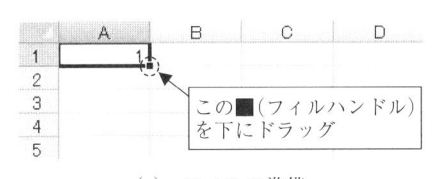

(a) フィルの準備

(b) フィル(ドラッグ中)

(c) フィル(ドロップ後)

図 **1.23**　オートフィル (同一内容の入力)

10   1　基本的操作法

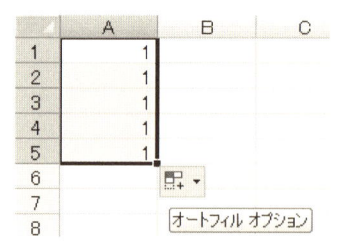

(a)　オートフィルオプション

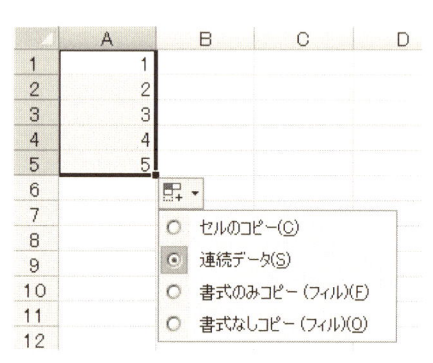

(b)　連続データを選択

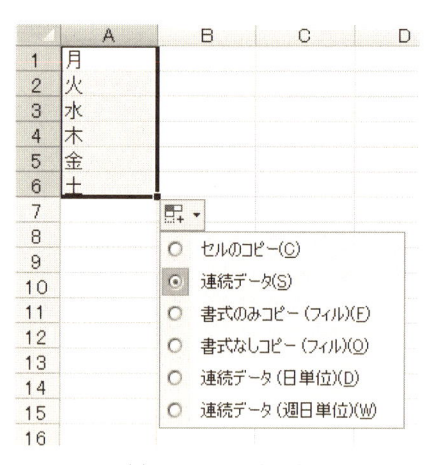

(c)　曜日なども可能

図 **1.24**　オートフィル (連続データ)

から A5 までに 1 を入力する．続いて図 1.23c まで作業した段階で右下に現れる「オートフィルオプション」をクリックする (図 1.24a)．そうして「連続データ」(図 1.24b) を選択すると「増分 +1」の連続データを入力できる．これは ID 番号を通しで入力したい場合などに便利である．また図 1.24c に示すように曜日や月日を入力する場合などでも活用できる．

連続データの入力は，図 1.23a の段階で「Ctrl」キーを押しながらフィルハンドルをドラッグしても得ることができる．

1.3.5 数式をコピーする

a. 相 対 参 照

オートフィル機能は数値や曜日以外に，数式を自動で入力することもできる．これを使った例を図 1.25 に示す．ここでは「$x+y+$ 定数」という計算を行うため，D2 に=A2+B2+C2 が入力されているとする．この状態で D2 のセルを選択し，セル右下の ■ を D3 へドラッグ＆ドロップすると，D3 のセルには=A3+B3+C3 の計算式が入力される．これは D2 に入力された数式での A2, B2, C2 の関係がそのまま 1 行下の，D3 セルに自動入力されたからである．このように，あるセルを基準として相対的な位置で代入される値が決まるので，=A2+B2+C2 などのように他のセルを参照している方法は，**相対参照**とよばれる．

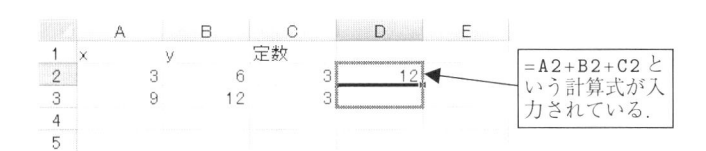

図 **1.25** フィル (ドラッグ中)

b. 複合参照と絶対参照

続いて図 1.26 のような入力形式で計算を行う場合を考える．今回の場合，定数は E2 セルにのみ記述されている．そこで C2 セルでは=A2+B2+E2 を，C3 セルでは=A3+B3+E2 を計算したい．今回の場合，図 1.25 で行ったようにコピーすると，C3 には=A3+B3+E3 が入力され，E2 としたい項まで E3 が参照されてしまい，結果として「21」と誤った返値となる．

このような場合は C2 に=A2+B2+E$2 あるいは=A2+B2+$E$2 のように $ を付けてセルを参照するとよい．$ 記号を付けた直後の列あるいは行は，数式をコピーしても参照先が変化しない．すなわち

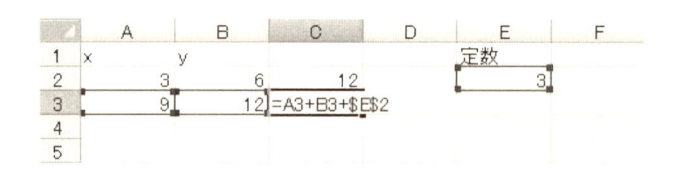

図 **1.26**　絶対参照 (フィル入力後)

$E2: E 列は変わらない (縦方向の相対位置で 2 は変わる),

E$2: 2 行目は変わらない (横方向の相対位置で E は変わる),

$E$2: E 列 2 行目で固定,

となる．このように，行あるいは列のみを固定するセルの参照方法を**複合参照**，行と列の両方を固定する方法を**絶対参照**という．

　$ の入力方法であるが，セルの指定時に F4 キーを押すことによって付加される．続けて押下することによって**$E$2, E$2, $E2** と付加される箇所が切り替わる．

　なお，本項で紹介した事柄は，セルのコピー& ペースト時にも当てはまるのでしっかりと押さえておきたい．Excel の基本的な操作方法は以上である．次節より R の操作方法を紹介する．

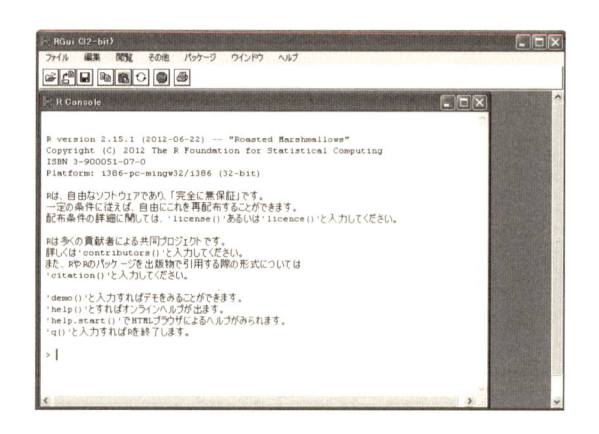

図 **1.27**　R 起動直後の画面

1.4 Rの基本操作

1.2節 b の手順 (8) で，何も変更せずにインストールした場合，デスクトップ上にRのアイコンができている．このアイコンをダブルクリックすることでRが起動される．Rを起動すると，RGui というウィンドウの中に，R Console というウィンドウが開く (図 1.27)．Rではここに指示を入力することで処理を進めていく．

1.4.1 計算を行う

Rで使用する四則演算，累乗の記号も表 1.1 と同じである．「$(420+99) \times 1.05$」を計算するには，R Console に **(420+99)*1.05** と入力し，Enter キーを押すとただちに最下行に解答が表示される (図 1.28)．

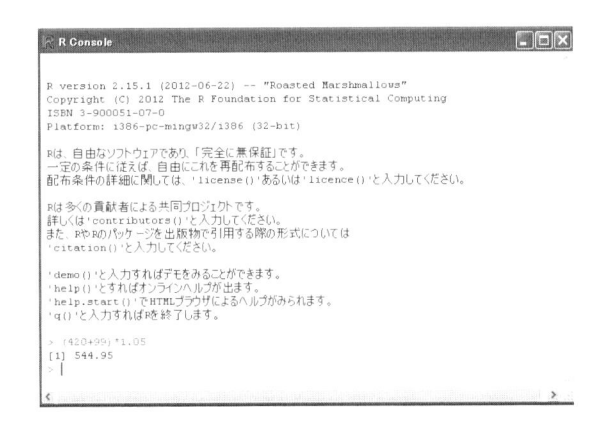

図 1.28 計算結果

1.4.2 変数を使用して計算する

a. 変数

Rでは変数というものを使用できる．変数とは，数字を格納 (代入) する容器とイメージするとよい．たとえば k という変数に消費税率である「0.05」という値を代入するには，R Console に **k<-0.05** と入力する．これで k という変数に 0.05 が代入された．つぎの行に k と入力し Enter キーを押すことで変数の内容を確認

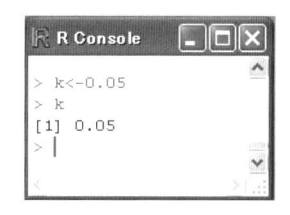

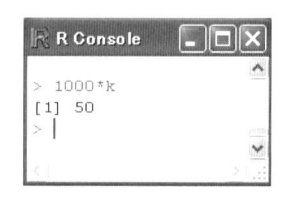

図 **1.29** 変数への数値代入とその確認

図 **1.30** 変数を用いた計算

できる (図 1.29).

作成した変数は数式で使用できる．たとえば 1000 円の商品の消費税を計算する場合，図 1.30 のように入力することで計算できる．

変数は消費税率のような繰り返し使用する定数や，計算結果などを一時的に記録する用途で使用する．変数の記録は R を終了させると失われる．

b. 変数名の付け方

先の例で変数は k というアルファベット 1 文字としたが，1.4.3 項の図 1.32 のように Zeiritu などと文字列としてもよい．変数の命名方法は特に決まりはなく自由であるが，何を代入した変数なのかがすぐにわかるものが好ましい．

ただし，if, for といった文字列は R にとって特別な意味をもつので，変数に使用できない．詳しくは「予約語」をキーワードにしらべてもらいたい．

1.4.3　スクリプトを用いて処理を行う

ここまでは R Console に直接計算方法を指示し，五月雨的に処理を行ったが，R には一連の処理をまとめて実行する**スクリプト**という機能がある．これは「R エディタ」とよばれるものに，実行したい指示を記述しておき，その記述内容を任意の範囲で一度に実行するものである．

スクリプトは RGui のメニューにある「ファイル」,「新しいスクリプト」から作成できる．「新しいスクリプト」を押すと「R エディタ」というウィンドウが表示される (図 1.31)．このエディタに計算指示を記述し，R に読み込ませることでエディタに入力した内容の計算が実施される．

a. スクリプトの入力

スクリプトを用いた計算例として「商品購入時の消費税込み価格の計算」を取り上げよう．計算手順は，たとえば

(1) 消費税率を指定して変数に代入する，

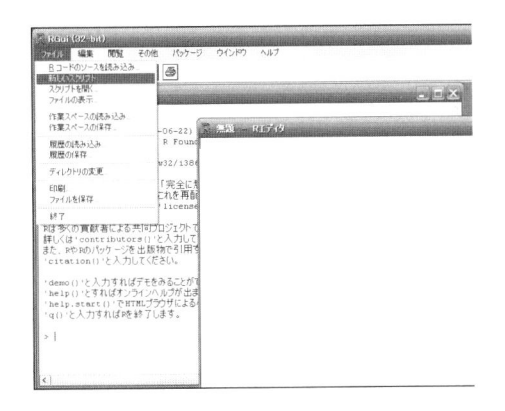

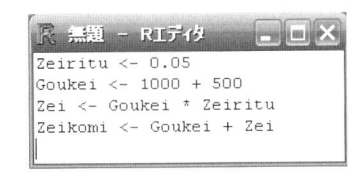

図 **1.31** R エディタを開く

図 **1.32** 消費税込み価格の計算スクリプト

(2) 購入した商品価格の合計を計算して変数に代入する，
(3) 商品価格合計から消費税額を計算して変数に代入する，
(4) 商品価格合計と消費税額から税込み価格を計算する，

としよう．購入する商品数は 2 つとし，それぞれ 1000 円と 500 円としよう．

はじめに R エディタを開き，手順に沿った処理内容を記述する．今回の例の場合，図 1.32 のように記述することで実行できる．

b. 計 算 の 実 行

スクリプトの実行したい範囲をすべてドラッグして選択し (今回は全部選択)，マウスの右ボタンをクリックする．そして図 1.33 で示しているように「カーソル

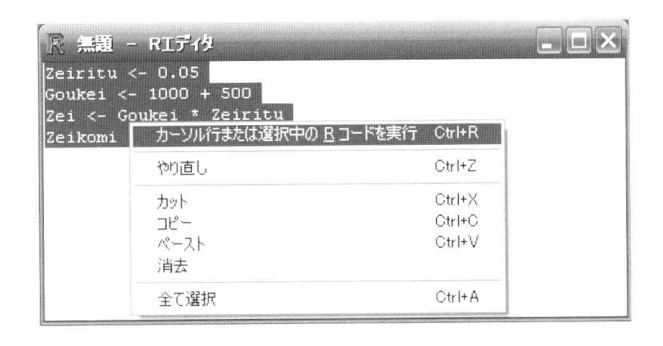

図 **1.33** R エディタに入力した内容の実行

行または選択中の R コードを実行」をクリックすると，R Console に計算結果が返される．

c. スクリプトの保存

スクリプトは「R エディタ」ウィンドウがアクティブになっている状態で，「RGui」ウィンドウのメニューにある「ファイル」を選択すると表示される「別名で保存」を選択することにより，名前を付けて保存することができる．保存したスクリプトを開く場合は，「RGui」ウィンドウのメニューにある「ファイル」の中にある「スクリプトを開く」から開くことができる．エディタに処理を記述して保存しておけば必要なときに何度でも使用できる．

1.4.4 データを作成する

続いてデータの作成方法について解説する．エクセルでは容易に作成できたが R では少々作業が必要である．ここでは行列形式のデータの作成方法について解説する．

	A	B	C	D	E
1	顧客ID	商品A(個数)	商品B(個数)	商品C(個数)	合計個数
2	1	1	2	3	6
3	2	1	3	2	6
4	3	2	3	4	9

図 **1.34** 売り上げ一覧データ

図 1.34 は商品 A，商品 B，商品 C の顧客ごとの購入数量のデータである．E 列に顧客ごとの合計商品購入数量の計算結果が入っている．すなわちこのデータは，

- B2 から D4 までがもとになるデータ，
- E 列 (E2,E3,E4) は B2〜D4 の内容から計算して得られるデータ，

からなる行列形式のデータである．このデータの作成について以下，順に方法を記す．

a. もとになるデータの作成

今回は商品ごとにデータ (図 1.34 の B2 から D4 に相当) を作成し，最終的に図 1.34 を作成する流れで解説する．図 1.35 の上から 3 行分がそれぞれ商品 A，商品 B，商品 C についてのデータを作成するコマンドである．英語で行列を意味する matrix という関数を使用する．

最初に商品 A の場合，縦に (1,1,2) と並んだ行列 (3 行 1 列) のデータを作成することを解説する．このデータは matrix(,ncol=1) と c(1,1,2) を組み合わせ

```
ProductA <- matrix(c(1,1,2),ncol=1)
ProductB <- matrix(c(2,3,3),ncol=1)
ProductC <- matrix(c(3,2,4),ncol=1)
Hyou <- cbind(ProductA,ProductB,ProductC)
```

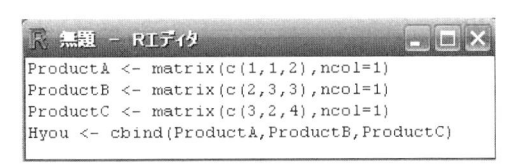

図 **1.35**　全顧客の商品ごとの購入数入力

たコマンドで作成し，ProductA という変数に格納する．matrix(,ncol=1) は作成する行列の形を指定するコマンドで，c(1,2,3) は 1 1 2 というデータ (行列ではない) を作成するコマンドである．matrix コマンドで c コマンドで作成される行列ではないデータを行列化する，という流れである．

ncol=は行列の列数の指定で，col は列を表す英語の column の頭文字 3 字である．nrow=と指定すると行数を指定できる．

変数 ProductB, ProductC に (2,3,3)，(3,2,4) と縦に並ぶ行列を格納するのも同様の方法でできる．

3 つの商品についてのデータが完成したところで，続いて図 1.35 の最終行の cbind というコマンドで，これまでに作成した 3 つの各商品売り上げ個数のデータを結合して図 1.34 の表にする．cbind は「cbind(商品 A データ，商品 B データ，商品 C データ)」という指定で入力する．作成した表は Hyou という変数に格納している．なお，顧客 ID の作成は割愛した．

変数 Hyou に格納されているデータを確認すると図 1.36 のようになる．

今回の例では cbind コマンドを使用したが，データを縦に並べたい (結合したい) 場合には，rbind を使用することで結合できる．

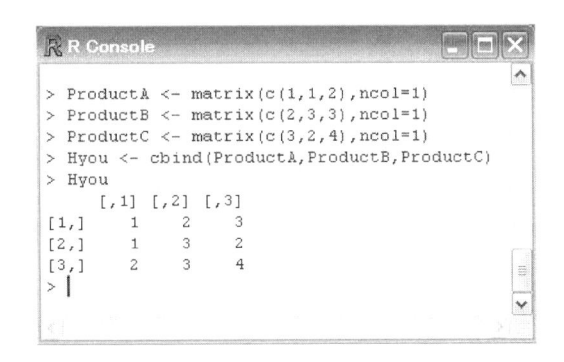

```
> ProductA <- matrix(c(1,1,2),ncol=1)
> ProductB <- matrix(c(2,3,3),ncol=1)
> ProductC <- matrix(c(3,2,4),ncol=1)
> Hyou <- cbind(ProductA,ProductB,ProductC)
> Hyou
     [,1] [,2] [,3]
[1,]    1    2    3
[2,]    1    3    2
[3,]    2    3    4
> 
```

図 **1.36**　作成した行列データの確認

b. 行数・列数を指定して計算する

データが作成できたので，つぎに各顧客の合計商品購入数量を計算する方法について説明する (図 1.34 において E 列 (E2,E3,E4) を計算することに相当)．

各顧客の情報は顧客 ID に対応する行を見ることによって得られる．したがって顧客 ID が 2 の顧客の合計商品購入数量を計算したい場合は 2 行目のみを計算することで得られる．

行列データから適当な値を取り出したいとき，「行列名 [行数, 列数]」というコマンドを用いることで得ることができる．指定した行 (または列) のすべての値を取り出したい場合は，列 (または行) の部分を空白にしておく．たとえば Hyou[2,] で 2 行目のすべての値の組 (1,3,2) が得られる．

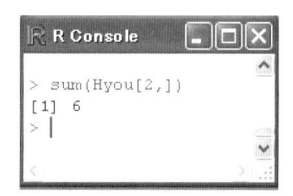

図 **1.37** 顧客 2 の合計商品購入数量

得たデータ (1,3,2) の合計は，関数 sum を用いると求められる．

以上を合わせ sum(Hyou[2,]) と入力することで，顧客 2 の全商品の合計商品購入数量を得ることができる (図 1.37)．

1.4.5 ファイルからデータを取り込む

ここまでは直接データを入力することで R の用い方を説明してきたが，実際の分析作業では，データはすでに入力されている電子ファイルから取り込むことがほとんどである．そこで最後に，ファイルの形式および R へのデータの取り込み方法を説明する．

a. ファイル形式

図 1.38 は図 1.34 の A1–D4 のデータを，コンマ区切りの CSV ファイルにしたものである．ここではこのファイルを取り込むことを例にして説明しよう．

Excel ファイルからコンマ区切りの CSV ファイルを作成するには，CSV にしたいデータを Excel で作成，または開いた後，「名前を付けて保存」を選択，メニュー下部にある「ファイルの種類」から「CSV (カンマ区切り)」を選択して保存すればよい (図 1.39)．

```
顧客 ID, 商品 A, 商品 B, 商品 C
1,1,2,3
2,1,3,2
3,2,3,4
```

図 **1.38**　CSV ファイルの内容

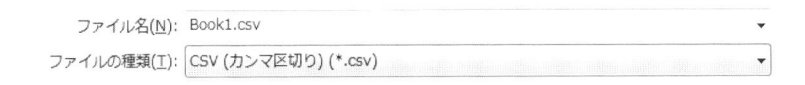

図 **1.39**　CSV 形式での保存

b. ファイルを取り込む

取り込むコマンドは

read.csv(ファイルの場所と名前)

である．今回使用するファイルは C ドライブ直下の Rdata というフォルダに data.csv という名前で保存しよう．この場合 CSV を取り込むコマンドは図 1.40 で示したものである．

Windows でファイル操作する場合，ファイルのパスは ¥ で区切り，C:¥Rdata などと記述するが R では ¥ ではなく「/」を使用して指定する．このコマンドを実行した結果を図 1.40 に示す．

図 1.41 ではデータを取り込んだだけであるが，これまでに解説した方法を用いて，このデータを変数に格納すると，さまざまな計算ができる．

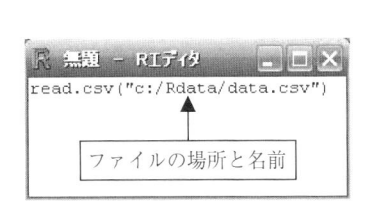

図 **1.40**　CSV ファイルの読込み

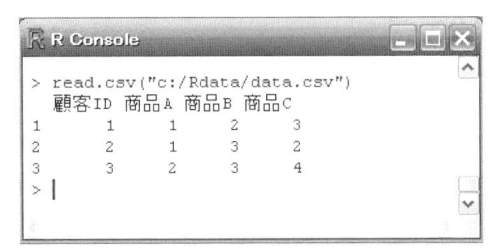

図 **1.41**　読込みデータの表示

以上でRの基本的操作方法の紹介を終える．ここで紹介したRのコマンドはきわめて基本的なものとした．より詳細を知る必要がある場合はヘルプを使用すると便利である．

　ヘルプは「R Console」に help (コマンド名) と入力すれば，Rのヘルプが開き，詳細を確認できる．たとえば関数 sum のヘルプは help(sum) と入力することで参照できる．

　Rの操作は慣れるまで手間がかかるが，慣れてくると特に不自由なく処理を進めることができる．操作に慣れるまでここで紹介した事柄を練習し，次章以降に備えてほしい．

2 データの要約

本章では，データ解析を行う前に行うべきデータの要約手法を説明する．前章で説明した Excel (2003, 2007, 2010) や R の基本操作を用い，データを「表・グラフ・数値 (基本統計量)」で表現できるようにする．これらを用い 3 章以降のデータ分析やデータマイニングの準備を行う．さらに実ビジネスデータを用いデータの要約を行う．

なお本章では，まえがきにある web ページからダウンロードできる chap2.zip にあるファイルを用いる．

2.1 データの要約とは

a. データの要約の目的

データ分析を行う前に，データそのものを知ることが重要である．すなわち，データを要約し，その構成や特徴について知ることが必要となる．要約の目的は大きく 2 つある．

1 つは，データを構成している値がそのまま分析に使えるかどうかを知ることである．データに入力ミス，通常とは大きく異なった値 (異常値)，入力されているべき値が欠けている場合 (欠損値)，項目間で矛盾する値，分析の条件に当てはまらないもの，層別しなければならないものはないかなどをしらべる必要がある．その結果，必要に応じてデータの修正，加工，除外，層別や分析方法の検討を行う．

もう 1 つは，データの特徴を知ることである．データの特徴とは，データの中心位置や散らばりの度合い，項目間の関係 (相関) や傾向などである．特徴を知ることで，データ分析上の課題や仮説をつくる，または，課題解決への糸口を見つける，ということが可能となる．

b. データの要約の方法

前述の目的のためにデータの要約を行うが，その方法はデータの特徴を表やグラフ，数量 (基本統計量) で表現することである．

表としては，度数分布表，単純集計表やクロス集計表などがあり，データを整理した一覧表で表す．

グラフとしては，棒グラフ，円グラフ，折線グラフ，散布図などがあり，データの特徴を形，大きさ，散らばりや傾向などを視覚的に表す．

数量表現としては，基本統計量 (記述統計量または要約統計量ともいわれる) がある．上記の 3 つの方法はセットで利用することが望ましい．

c. データの種類

データの種類により，データ要約で用いる表，グラフや数量の種類が異なる．データには「量的データ」と「質的データ」の 2 種類がある．

量的データは算術演算に使える数値データで，重さや長さなどの測定値，割合やパーセント (%)，人口，件数，回数や台数，年月や日付や時刻などがその例である．

質的データはクラスについて記録されたデータで，「名義尺度」と「順序尺度」の 2 種類がある．名義尺度は，性別，職業や地域などの順序がないクラスのことである．たとえば，男性を 1，女性を 2 などと表したデータは数値の大小にはまったく意味がなく，これは単に違いを表しているに過ぎない．このような質的データを**名義尺度**という．

順序尺度は，年代，金額範囲，満足度といった順序があるクラスである．たとえば (1 = "満足しない"，2 = "やや満足しない"，3 = "どちらでもない"，4 = "やや満足する"，5 = "満足する") といった数値の大小に意味がある質的データである．

量的データには，度数分布表とその度数分布図や散布図があり，質的データには，単純集計表とその棒グラフや円グラフが使われる．またグループの基準に質的データ，集計フィールドに量的データに対する単純集計やクロス集計表があり，折線グラフなども利用される．

d. 表 (度数分布表，単純集計表，クロス集計表)

(1) 度数分布表　　度数分布表は各個体のデータ (観測値 (量的データ)) がとる範囲を等間隔の階級または区間に区切り (カテゴリ化)，区間ごとの観測値の出現頻度を数え，それらを表にしたものである．

図 2.1 は東京都の 27 箇所の地点の 8 月 25 日の最高気温について表した度数分布表である．元データ「東京 8 月 25 日最高気温データ.xls」を用いて，以下の手順で度数分布表を作成してみよう．データ区間 25 に 2 と数値が記述されているが，これは気温 24 以上 25 未満には 2 件の観測があることを意味する．

度数分布表は以下の手順 (箇条書き) で作成できる．手動では，図 2.2 の列 A を

```
データ区間  頻度
    25      2
    26      1
    27      4
    28      4
    29      3
    30      1
    31      1
    32      1
  次の級     0
```

図 **2.1**　度数分布表

並べ替えたものが列 C，そのデータの最小値と最大値を等間隔に刻み，等間隔ごとの度数で度数分布表 (列 G から J) をつくる．自動では，図 2.2 の列 A のデータと列 I の間隔に対して以下の手順を踏んで行う．

- Excel の上段にある「データ」タブから「データ分析」をクリックする．データ分析は Excel のオプションである．「データ分析」がタブにない場合は 1 章を

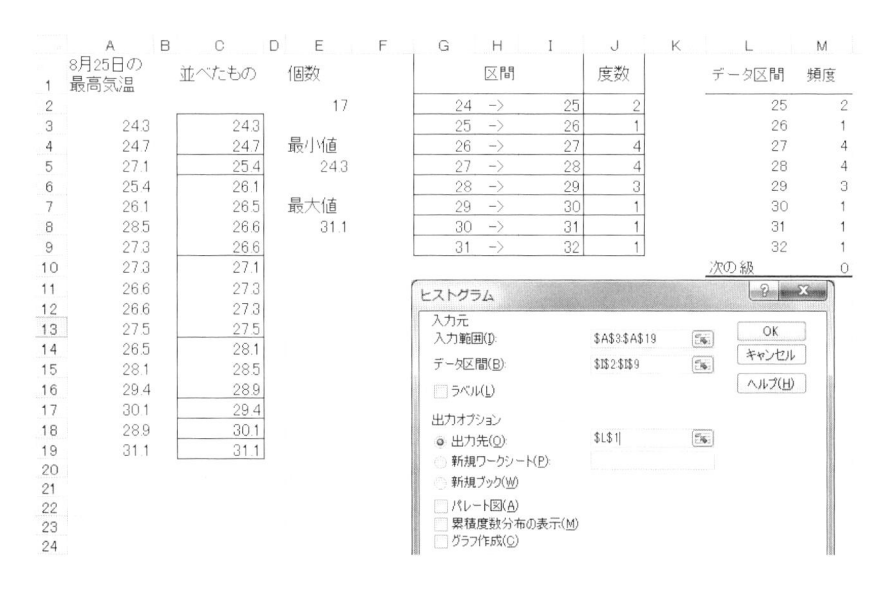

図 **2.2**　度数分布表

行ラベル	データの個数 / さいころの目 (x)
1	3
2	2
3	3
4	2
5	2
6	2
総計	14

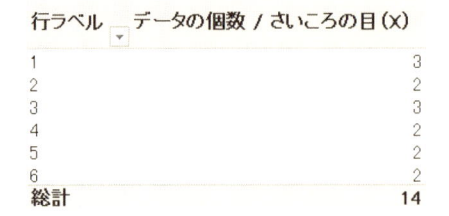

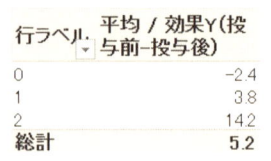

図 2.3　単純集計表の例 1

行ラベル	平均 / 効果Y(投与前−投与後)
0	-2.4
1	3.8
2	14.2
総計	5.2

図 2.4　単純集計表の例 2

参考にインストールされたい.

- 「データ分析」ウィンドウの一覧から「ヒストグラム」を選択し,「OK」を押す.
- 「ヒストグラム」ウィンドウで「入力範囲」のボックスをクリックし, $A$3:$A$9 と入力する.
- 「データ区間」のボックスをクリックし, $I$2:$I$9 と入力する.
- 「出力先」にチェックし, 右のボックスをクリックし, $L$1 と入力する. すると, 図 2.1 で示した度数分布表が作成できる. それは図 2.2 の列 L から M でもあるが, これを実際にわかりやすくするために変形し, セル G1–J9 にある度数分布表を作成した.

区間の数については, 観測値の個数が n の場合, に近い整数にしたりすることがあるが決まりはない. 一般に区間の数は 5–15 である. データが多いと区間の数も多くなる.

(2) 単純集計表　あるデータをグループの基準とし, それらの出現頻度を表にしたものか, もしくは, それらに対して, データの合計, 平均などを求めて表にしたものである.

図 2.3 はさいころを投げるという実験について単純集計表を作成したものである. 行ラベルのさいころの目の列の数値が, それぞれ何回出現したかを表している.

図 2.4 は薬剤の投薬に関する実験についての単純集計表である. この表では行ラベルに示されている薬に対して, その効果の平均値が表示されている.

これらの単純集計表はピボットテーブルという Excel の機能で作成できる. つくり方については後述の h でグラフのつくり方と一緒に説明する.

(3) クロス集計表　単純集計のグループの基準が 2 次元になったものである.

図 2.5 は, あるデータを性別でまとめた場合の各性別の人数についてのクロス集計表である. 行ラベルに年齢を設定しており, その年齢の男女の人数が表示されている.

2.1 データの要約とは　25

データの個数 / 性別	列ラベル		
行ラベル	女	男	総計
～34歳	2	2	4
35～59歳	2	2	4
60歳～	2	2	4
総計	6	6	12

平均 / 単身世帯の1か月間平均消費支出	列ラベル		
行ラベル	女	男	総計
～34歳	157,879	166,438	162,158
35～59歳	173,504	181,715	177,609
60歳～	144,350	144,191	144,271
総計	158,578	164,114	161,346

図 2.5　クロス集計表の例 1　　　　図 2.6　クロス集計表の例 2

一方，図 2.6 は家庭の支出についてのクロス集計表で，各年代の男性女性が 1 か月にいくら支出しているかを平均で示したものである．

クロス集計表のつくり方もピボットテーブルの解説時に説明する．

e. 基本統計量

基本的な統計量で，観測値の分布の位置情報を表す代表値と分布の広がりを表す散布度に区別される．

代表値として，平均 (average)，中央値 (median)，最頻値 (mode)，最大値 (maximum)，最小値 (minimum) などがある．また散布度として，範囲 (range)，分散 (variance)，標準偏差 (standard deviation)，変動係数 (coefficient of variation) などがある．主な代表値の説明を以下に示す．

- 平均 (アベレージやエックスバーともよび，$\bar{x}$ と記す)．よく使われている分布の中心位置を表す統計量で，観測値の合計を観測値の個数で割って求める．X の観測値が n 個あり，それらを $x_1, x_2, \cdots, x_n$ とすると (Y の観測値の場合，平均は $\bar{y}$ とバーを上に付ける)，

$$\bar{x}(平均) = \frac{x_1(観測値 1) + \cdots + x_n(観測値 n)}{n(観測値の個数)}$$

から計算できる．

たとえば，X の観測値が 1, 2, 3, 4, 5 とすると，(平均) は合計 15 を個数 5 で割った 3 となる．

- 中央値 (メジアンともよび，$\tilde{x}$ と記す)．観測値 $x_1, x_2, \cdots, x_n$ を小さい値から大きい値へと昇順に並べたものを $x_{(1)}, x_{(2)}, \cdots, x_{(n)}$ とする．観測値の個数 n が奇数である場合，ちょうど真ん中の値が中央値であり，n が偶数である場合，真ん中 2 つの値の平均が中央値である．要するに

$$\tilde{x}(中央値) = x\left(\frac{n+1}{2}\right) \quad (n が奇数のとき，ちょうど真ん中の値)$$

または
$$\tilde{x} = \frac{1}{2}\left[x\left(\frac{n}{2}\right) + x\left(\frac{n}{2}+1\right)\right] \quad (n \text{ が偶数のとき，中央の 2 つの平均})$$
である．

たとえば，観測値が 1, 2, 3, 4, 5 で，個数 $n = 5$ と奇数の場合，
$$\tilde{x}(\text{中央値}) = x\left(\frac{5+1}{2}\right) = x\left(\frac{6}{2}\right) = x(3) = (\text{昇順で第 3 番目}) = 3$$
である．

偶数の場合は，観測値が 1, 2, 3, 4, 5, 6 で，$n = 6$ なら，
$$\tilde{x}(\text{中央値}) = \frac{1}{2}\left[x\left(\frac{6}{2}\right) + x\left(\frac{6}{2}+1\right)\right] = \frac{1}{2}[x(3) + x(3+1)]$$
$$= \frac{1}{2}[(\text{昇順で第 3 番目}) + (\text{昇順で第 4 番目})] = \frac{1}{2}(3+4)$$
$$= \frac{7}{2} = 3.5$$
である．

- **最頻値** (モードや流行値ともよび，M と記す)．観測値の中で，出現頻度が 2 回以上でかつ出現頻度が最も高いものである．

  たとえば，図 2.7 のように 1, 1, 2, 2, 2, 3, 4, 5, 5 では $M = 2$ である．
- **最小値**．観測値の中で最も小さな値である ($x_{(1)}$ である)．観測値が 1, 2, 3, 4, 5 の場合，最小値は 1 である．
- **最大値**．観測値の中で最も大きな値である ($x_{(n)}$ である)．上記の観測値の場合，最大値は 5 である．

次に，主な散布度 (ばらつき) を以下に説明する．

X	個数(出現頻度)
1	2
2	3
3	1
4	1
5	2
総計	9

図 **2.7**　最頻値

- **範囲** (レンジともよび，R で記す)

$$R(範囲) = x_{(n)}(最大値) - x_{(1)}(最小値)$$

観測値が 1, 2, 3, 4, 5 の場合，$R(範囲) = 5 - 1 = 4$ である．
- **分散** (不偏分散を用い，u^2 と記す)．

$$\begin{aligned}&u^2(不偏分散)\\&= \frac{(x_1 - \bar{x})^2 + \cdots + (x_n - \bar{x})^2}{n-1}\\&= \frac{(観測値1の偏差平方) + \cdots + (観測値nの偏差平方)}{(観測値の個数) - 1}\end{aligned}$$

たとえば，観測値 1, 2, 3, 4, 5 の場合でかつ測定単位が kg の場合，$\bar{x}(平均) = 3(\text{kg})$ であり，

$$(x_1 - \bar{x})^2 = (第1番目の観測値の偏差平方) = (1-3)^2 = (-2)^2 = 4$$
$$(x_2 - \bar{x})^2 = (第2番目の観測値の偏差平方) = (2-3)^2 = (-1)^2 = 1$$
$$(x_3 - \bar{x})^2 = (第3番目の観測値の偏差平方) = (3-3)^2 = (0)^2 = 0$$
$$(x_4 - \bar{x})^2 = (第4番目の観測値の偏差平方) = (4-3)^2 = (1)^2 = 1$$
$$(x_5 - \bar{x})^2 = (第5番目の観測値の偏差平方) = (5-3)^2 = (2)^2 = 4$$

$$u^2(不偏分散) = \frac{4+1+0+1+4}{5-1} = \frac{10}{4} = 2.5(\text{kg}^2)$$

- **標準偏差** (u と記す)．分散の平方根である．平均と同じ測定単位になるため，分散よりも利用しやすい (理論では，分散の方が利用しやすい)．

$$u(標準偏差) = \sqrt{u^2}\ (不偏分散の平方根)$$

上記の観測値の場合，$u(標準偏差) = \sqrt{2.5} = 1.581\text{kg}$ である．
- **変動係数** (CV と記す)．標準偏差を平均で割ったもので，単位のない相対的なばらつきを表す．分散や標準偏差は平均が大きくなると，どうしても大きくなるため，平均で割り，平均の何%がばらつき (誤差，ずれ) であるかを推定している．

$$CV(変動係数) = \frac{u(変動係数)}{\bar{x}(平均)} \times 100\%$$

たとえば，上記の観測値の場合，

$$CV(変動係数) = \frac{1.581(\text{kg})}{3(\text{kg})} \times 100\% = 52.7\%$$

f. 相　関　係　数

2つの項目，たとえば (X,Y) の線形関係 (相関) とは，一方が増加すれば他方も増加する傾向 (正の相関)，一方が増加すれば他方は逆に減少する傾向 (負の相関)，またはどちらの傾向もない (無相関) である．相関係数 r を求めて，この (X,Y) の線形関係を推測する．

$$r(相関係数) = \frac{(x_1 - \bar{x})(y_1 - \bar{y}) + \cdots + (x_n - \bar{x})(y_n - \bar{y})}{\sqrt{[(x_1 - \bar{x})^2 + \cdots + (x_n - \bar{x})^2][(y_1 - \bar{x})^2 + \cdots + (y_n - \bar{x})^2]}}$$
$$= \frac{(X と Y の偏差積和)}{\sqrt{(X の偏差平方和)(Y の偏差平方和)}}$$

r は -1 から 1 の値をとり，$r < 0$ のとき負の相関，$r > 0$ のとき正の相関，$r = 0$ のとき無相関であるが，その強さの度合いの一応の目安がある．

相関係数 r の絶対値で分けると，1.0–0.9 は非常に強い，0.9–0.7 はやや強い，0.7–0.4 はやや弱い，0.4–0.2 は非常に弱い，0.2–0 は相関関係なしである．

たとえば，$r = -0.1$ であれば，X と Y の間には相関はないと推定し，$r = -9.0$ であれば，X と Y の間には非常に強い負の相関があると推定する．

観測値 (X,Y) が $(1,2), (2,2), (3,4), (3,5)$ の場合，具体的な計算例は以下の通りである．

X の偏差平方和 $= [(1 - 2.25)^2 + (2 - 2.25)^2 + (3 - 2.25)^2 + 3(-2.25)^2] = 2.75$
Y の偏差平方和 $= [(2 - 3.25)^2 + (2 - 3.25)^2 + (4 - 3.25)^2 + (5 - 3.25)^2] = 6.75$

$$\begin{aligned}r(相関関数) &= [(1 - 2.25)(2 - 3.25) + (2 - 2.25)(2 - 3.25) \\ &\quad + (3 - 2.25)(4 - 3.25) + (3 - 2.25)(5 - 3.25)]/\sqrt{2.75 \times 6.75} \\ &= 0.870 \quad (やや強い正の相関)\end{aligned}$$

g. 基本的なグラフ

グラフには，棒グラフ，折線グラフ，面グラフ，円グラフ，ドーナツグラフなどがある．

X ごとの Y の集計値を比較するには縦棒，横棒グラフが適している．X 時間経過とともに変化する Y の人口，支持率などを見るには折線グラフや面グラフが良い．X 全体の中の (出現) 割合を比較するには円グラフやドーナツグラフが適している．(X,Y) の2つの項目の散らばりを見るには散布図が適している．

h. 集計表の作成とグラフ描画 (単純集計から棒グラフ, クロス集計から棒グラフ)
(1) 棒グラフの作成 d(2) で結果を示した「さいころを投げる実験」の単純集計表を作成してみよう. 元データ「さいころの目のデータ.xls」を用いる. 図 2.8a のように, セル A2–A15 にデータ X の観測値がある. Excel のピボットテーブルを用いてこれらの単純集計表 (図 2.9) を作成し, X の値とその個数の関係を示す棒グラフ (図 2.10) を作成する.

- **ピボットテーブルの起動** 集計データの入っているセル A1 から A15 を選択し, メニューの「挿入」タブから「ピボットテーブル」をクリックする.

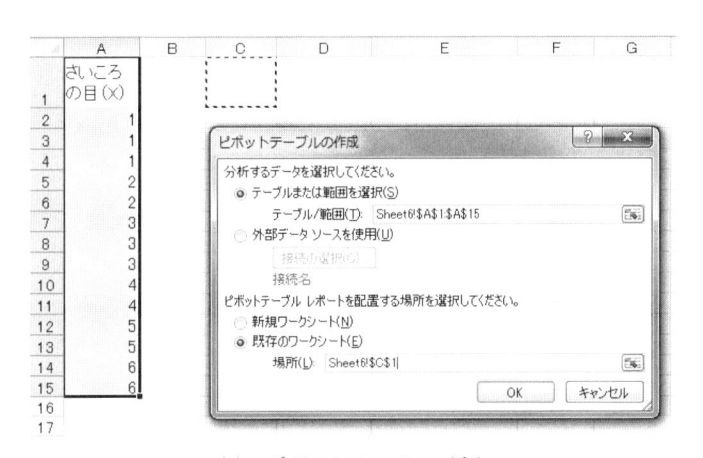

(a) ピボットテーブルの挿入

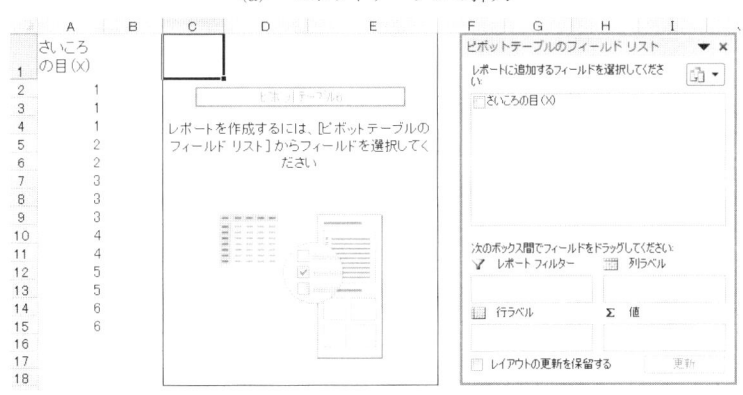

(b) 空のピボットテーブル

図 **2.8** ピボットテーブルの作成

30   2 データの要約

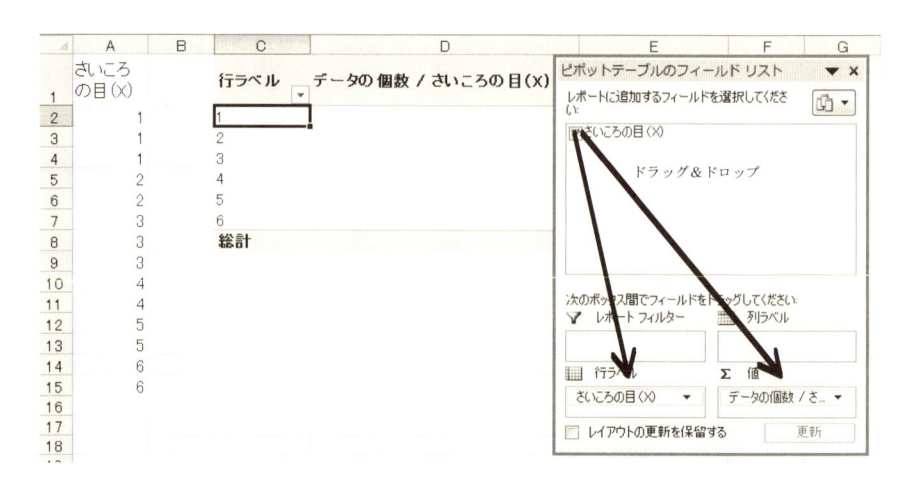

図 **2.9**　観測値 (左)，単純集計表 (中央)，フィールドリスト (右)

ピボットテーブルの作成ウィンドウで「テーブルまたは範囲を選択 (S)」でデータの範囲を選択し，ピボットテーブルを配置する場所を選択，ここでは既存のワークシート (E) にチェックし，場所 (L) を Sheet1!$C$1 とする (セル C1 をクリックすると自動で入る) と，空のピボットテーブルが登場する (図 2.8b 参照).

- **フィールドリストと単純集計表**　空のピボットテーブルとともに出現した「ピボットテーブルのフィールドリスト」の上部にあり "さいころの目 (X)" を矢印のように行ラベルと Σ 値の項目にドラッグ&ドロップする．

つぎに Σ 値の「合計/さいころの目 (X)」から "値フィールドの設定 (N)" をク

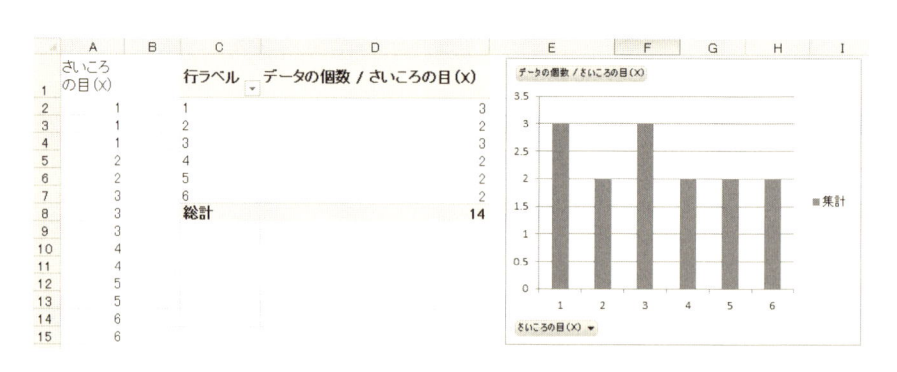

図 **2.10**　観測値 (左)，単純集計表 (中央)，棒グラフ (右)

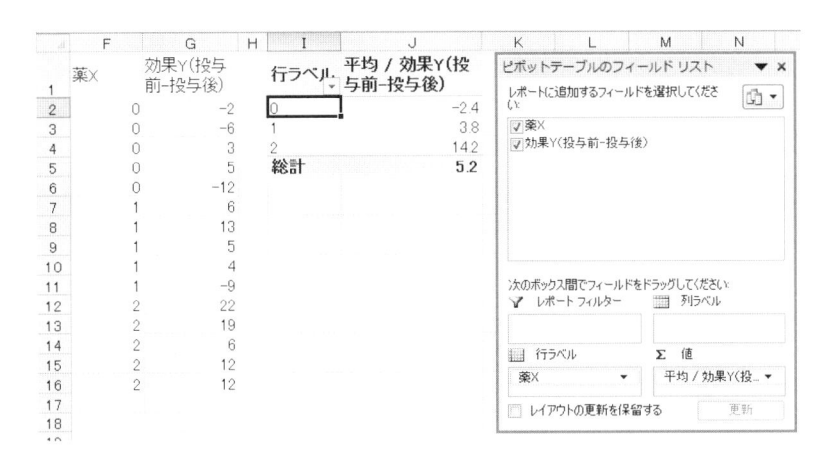

図 2.11 観測値 (左), 単純集計表 (中央), フィールドリスト (右)

リックし, 値フィールドの集計の中から"データの個数"を選択し, OK を押すと, ピボットテーブル (表) ができる.

- **棒グラフの作成** ピボットテーブル内を選択した状態で挿入タブからグラフ (棒グラフ) をクリックし, 集合棒グラフを選ぶ.

(2) 折線グラフの作成 ここでは d(2) で結果を示した「薬剤の投薬に関する実験」の例を用いて, 折れ線グラフを作成してみよう. 用いる元データは「投薬のデータ.xls」である. 図 2.11 のように, セル **F2–G16** に (X, Y) の観測値がある. X の値に対する Y の値の平均値の単純集計表を作成し, それらの関係を示す折

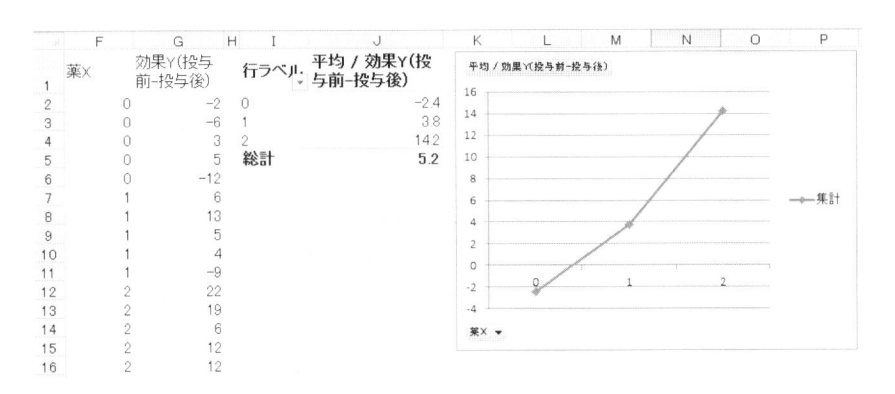

図 **2.12** 観測値 (左), 単純集計表 (中央), 折線グラフ (右)

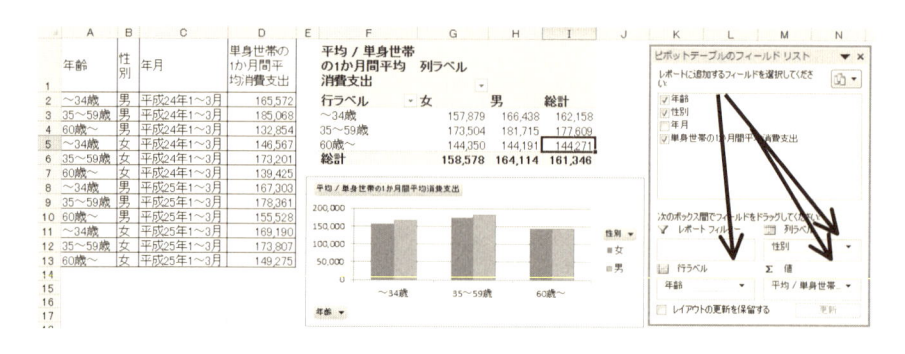

図 **2.13** 観測値 (左),クロス集計表 (中央上),棒グラフ (中央下)

線グラフを作成する (図 2.11, 2.12).

集計データの入っているセル F1 から G16 を選択し,ピボットテーブルを起動する.「ピボットテーブルのフィールドリスト」上部より「薬 X」を矢印のようにドラッグ&ドロップし,Σ 値の「合計/効果 Y」から "値フィールドの設定 (N)" をクリックし,値フィールドの集計の中から "平均" を選択後,OK を押す [ピボットテーブル (表) ができる].

ピボットテーブル内を選択中に挿入オプションから折線グラフのマーカー付き折線グラフをクリックする.

(3) クロス集計表の作成　d(3) で述べたクロス集計表を作成してみよう.元データ「単身世帯月消費.xls」を用いる.図 2.13 のように,セル A2–D13 に (X, Y, Z) の観測値,$X = $ 年齢,$Y = $ 性別,$Z = $ 単身世帯 の 1 か月平均消費支出があるとしよう.これらのクロス集計表を作成し,次にグラフを作成する.

図 2.8b と同様に空のピボットテーブルを登場させ,右側にある「ピボットテーブルのフィールドリスト」上部より性別を列ラベルに年齢を行ラベルに消費支出を Σ 値にドラッグ&ドロップする.Σ 値の「合計/単身世帯 …」をクリックし,"値フィールドの設定 (N)" で X, Y ごとに Z の平均を求めたいので,"平均" を選択し,OK を押す.

棒グラフは挿入オプションから縦棒グラフをクリックすることで描画できる.

i. Excel による基本統計量の求め方

図 2.14 は基本統計量を Excel 関数を用いて求めた結果である.セル A2 から A21 にデータがあり,セル C3 から F18 に基本統計量を記述している.C 列には基本統計量の名称,D 列には使用する関数の使用方法,E 列に具体的な使用方法,そして F 列に求めた基本統計量が記述されている.

	A	B	C	D	E	F
1	X		基本統計量			
2	0					
3	0		代表値	関数名または演算法	例題	結果
4	1		平均	=AVERAGE(セル範囲)	=AVERAGE(A2:A21)	4
5	1		中央値	=MEDIAN(セル範囲)	=MEDIAN(A2:A21)	3.5
6	1		最頻値	=MODE(セル範囲)	=MODE(A2:A21)	1
7	2		最小値	=MIN(セル範囲)	=MIN(A2:A21)	0
8	2		最大値	=MAX(セル範囲)	=MAX(A2:A21)	9
9	3					
10	3		散布度	関数名または演算法	例題	結果
11	3		範囲	=最大値-最小値	=F8-F7	9
12	4		分散(不偏分散)	=VAR(セル範囲)	=VAR(A2:A21)	8.526
13	4		標準偏差	=STDEV(セル範囲)	=STDEV(A2:A21)	2.920
14	5		変動係数	=標準偏差/平均*100	=F13/F4*100	73.0
15	5					
16	6		その他			
17	6		散布度	関数名または演算法	例題	結果
18	8		データの個数	=COUNT(セル範囲)	=COUNT(A2:A21)	20
19	8					
20	9					
21	9					

図 **2.14**　基本統計量

j. **Excel** による相関係数の求め方

相関は図 2.15 に示す方法で求められる．セル A1 から B5 に変数 X と変数 Y のデータがあるとする．これらのデータから相関を求めるには関数 CORREL を使用する．具体的な使用方法はセル D3 や E3 に示してある．

	A	B	C	D	E	F
1	X	Y		相関係数		
2	1	2		関数名	例題	結果
3	2	2		=CORREL(項目1のセル範囲,項目2のセル範囲)	=CORREL(A2:A5,B2:B5)	0.870
4	3	4				
5	3	5				

図 **2.15**　相関係数

k. **Excel** による散布図のつくり方

図 2.16 は散布図という図を示している．散布図を見ることでデータがどのような傾向にあるのかを容易に確認することができる．前述の「投薬のデータ」から散布図の描画方法を解説しよう．データがセル A2 から B16 にあるとしよう．はじめにこれらのデータを選択する．続いて「挿入タブ」から「グラフ」の「散布図」を選択する．すると描きたい散布図が一覧で表示されるので左上にある「散布図」を選択する．以上で散布図が描画される．

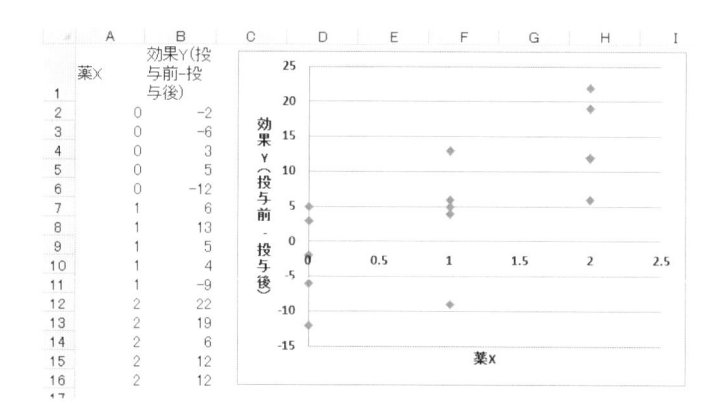

図 2.16　散布図

2.2　Excel による実データの要約

実ビジネスデータ「メディアアンケートデータ 2000 年 10 月」,「為替の対米ドル円レート，金価格，日経平均株価 2006 年 1 月–2011 年 12 月」を例に，実ビジネスデータにおけるデータの要約を行う.「メディアアンケートデータ 2000 年 10 月」の元データは「ビジネスデータ (a).xls」を,「為替の対米ドル円レート，金価格，日経平均株価 2006 年 1 月–2011 年 12 月」の元データは「ビジネスデータ (b).xls」である (図 2.17a, b を参照).

2.2.1　メディアアンケートデータの要約

メディアアンケートデータがそのまま分析に使えるかどうか，度数分布表を作成して確認する (図 2.18)．その結果，999 という値を発見するが，この入力値は欠損値を意味している値 (事前の取決めによる) である．

そこでこの値を空白に置き換える作業を行う．続いて 540 という入力値を発見するが，これは入力ミスと判断し，54 に修正することとした．このように入力ミス，定義した欠損値や異常値は特に最小値，最大値とその周囲にあることが多いので，その範囲を特に確認しよう．

	A	B	C	D	E	F
1	ID	平日1日当たりテレビ視聴量(分)	性別	年齢	職業	学歴
2	1	120	1	2	7	4
3	2	240	1	1	7	4
4	3	240	2	5	12	2
5	4	300	2	5	12	2
6	5	110	2	3	9	4
7	6	999	1	2	1	2
8	7	120	1	2	6	4
9	8	120	2	4	12	2
10	9	300	2	6	14	2
11	10	60	2	2	7	2
12	11	230	2	3	11	3
13	12	540	2	5	14	2
14	13	240	2	6	14	1
15	14	150	2	4	11	4
16	15	150	2	4	12	2

(a) 2000年10月のメディアアンケートデータ

	A	B	C	D	E	F
1	年月	年	月	日経平均株価	金価格	為替レート
2	2006年1月	2006	1	16649.82	2075	117.18
3	2006年2月	2006	2	16205.43	2136	116.35
4	2006年3月	2006	3	17059.66	2128	117.47
5	2006年4月	2006	4	16906.23	2317	114.32
6	2006年5月	2006	5	15467.33	2444	111.85
7	2006年6月	2006	6	15505.18	2225	114.66
8	2006年7月	2006	7	15456.81	2374	114.47
9	2006年8月	2006	8	16140.76	2374	117.23
10	2006年9月	2006	9	16127.58	2293	118.05
11	2006年10月	2006	10	16399.39	2272	117.74
12	2006年11月	2006	11	16274.33	2393	116.12
13	2006年12月	2006	12	17225.83	2396	118.92
14	2007年1月	2007	1	17383.42	2473	121.34
15	2007年2月	2007	2	17604.12	2598	118.59

(b) 2006年1月-2011年12月の為替,金価格,日経平均

図 **2.17**　ビジネスデータ

2.2.2　為替の対米ドル円レート,金価格,日経平均株価データの要約

　為替の対米ドル円レート,金価格,日経平均株価データの場合,ウェブ上で公開されている信頼性の高い経済データである.そのため,データの入力ミスはないので,このまま利用することにする.

　表 2.1 に,2006 年から 2011 年において,年別の単純集計表があり,年の経過により,日経平均と為替レートは平均的にやや減少するが,金の価格は平均的に逆に増大している傾向が見られる.

　変化の様子は図 2.19 の折線グラフでよりよく見ることができる.ここで,図の

	A	B	C	D	E	F	G
98	97	120	1	4	8	2	
99	98	210	1	5	1	1	
100	99	60	1	1	8	2	
101	100	999	2	6	14	2	
102	最小値	20					
103	最大値	999					
104							
105	区間		度数				
106	0 ->	100	21				
107	100 ->	200	51				
108	200 ->	300	19				
109	300 ->	400	5				
110	400 ->	500	1				
111	500 ->	600	1	540分は入力ミス→54分である			
112	600 ->	700	0				
113	700 ->	800	0				
114	800 ->	900	0				
115	900 ->	1000	2	999は欠損値→空白にする			

図 **2.18** データがそのまま分析に使えるかの確認

表 **2.1** 年ごとの日経平均，為替レートと金価格の平均

行ラベル	平均/日経平均株価	平均/為替レート	平均/金価格
2006	16284.86	116.20	2285.58
2007	17001.62	117.60	2657.92
2008	12087.44	102.46	2933.25
2009	9407.54	93.58	2953.33
2010	9893.49	87.27	3480.33
2011	9445.30	79.62	4053.33
総計	12353.38	99.45	3060.63

作成において，為替レートが小さい値をとるため，他の価格と同じ軸上で見ることが難しい．そこで新しい軸を設定する．

図の為替レートの折線上をマウスでポイントし，右クリック→「データ系列の書式設定」→系列のオプションの使用する軸で，第2軸にチック→閉じる．こうすることで図 2.19 が描画できる．

この図より日経平均がリーマン・ショック後減少し，2010 年以降少し回復していることがわかる．

図 **2.19**　年ごとの価格平均

年	2006	2007	2008	2009	2010	20
件数	12	12	12	12	12	
平均	**16284.86**	**17001.62**	**12087.44**	**9407.54**	**9893.49**	9445.
中央値	16239.88	17268.27	13224.84	9740.47	9852.87	9724
最大値	17225.83	18138.36	14338.54	10546.44	11089.94	10624
最小値	15456.81	15307.78	8512.27	7568.42	8824.06	8434
分散	366545.273	707677.199	4883086.114	1092428.621	486069.606	512034.
標準偏差	605.430	841.236	2209.771	1045.193	697.187	715.
範囲	1769.02	2830.58	5826.27	2978.02	2265.88	2189
変動係数	3.72	4.95	**18.28**	11.11	7.05	7

(a)　日経平均(年ごと)

年	2006	2007	2008	2009	2010	20
件数	12	12	12	12	12	
平均	**2285.58**	**2657.92**	**2933.25**	**2953.33**	**3480.33**	4053.
中央値	2305.00	2617.00	3026.50	2937.00	3470.50	4015
最大値	2444.00	2926.00	3250.00	3303.00	3764.00	4437
最小値	2075.00	2473.00	2398.00	2531.00	3221.00	3649
分散	14628.265	23054.447	82411.477	39380.606	28460.970	72072.
標準偏差	120.947	151.837	287.074	198.445	168.704	268.
範囲	369.00	453.00	852.00	772.00	543.00	788
変動係数	5.29	5.71	**9.79**	6.72	4.85	6

(b)　金価格(年ごと)

年	2006	2007	2008	2009	2010	20
件数	12	12	12	12	12	
平均	**116.20**	**117.60**	**102.46**	**93.58**	**87.27**	79.
中央値	116.77	118.32	104.55	94.17	87.52	79
最大値	118.92	123.48	108.80	98.31	94.18	82
最小値	111.85	110.29	90.28	86.15	80.68	76
分散	4.062	14.539	32.459	15.363	20.818	5.
標準偏差	2.015	3.813	5.697	3.920	4.563	2.
範囲	7.07	13.19	18.52	12.16	13.50	6
変動係数	1.73	3.24	**5.56**	4.19	5.23	2

(c)　為替レート(年ごと)

図 **2.20**　基本統計量

相関係数	日経平均	金_価格	為替レート
日経平均	1	-0.669	0.916
金_価格	-0.669	1	-0.852
為替レート	0.916	-0.852	1

(a)

(b)

(c)

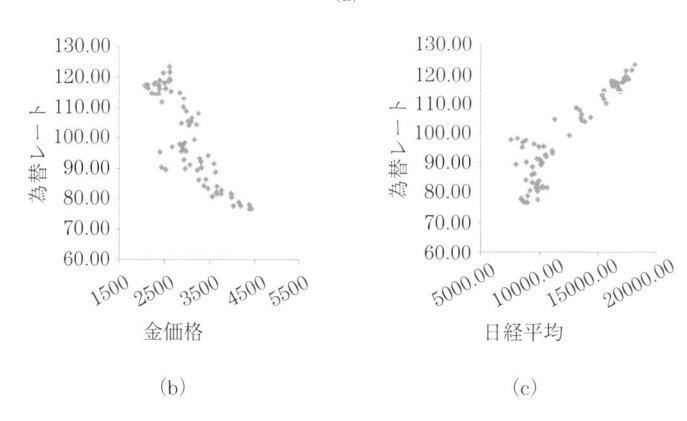

図 **2.21** 相関と散布図．(a) 3 つの価格の相関，(b) 為替レートと金価格 ($r = -0.852$)，(c) 為替レートと日経平均 ($r = -0.916$)

一方，為替レートはリーマン・ショック後も減少し続ける．そしてこれらの動きとは反対に，金価格は常に増大する傾向にあることがわかる．

詳細にデータを確認するために図 2.20a–c にあるように年ごとに基本統計量をしらべると，リーマン・ショックの 2008 年の変動係数が一番大きいことがわかる．

ここで相関を確認してみる．図 2.21a–c の散布図と相関係数を見ると，3 つの価格はある程度または強く関連していることがわかる．日経平均と為替レートは互いに強い正の相関をもち，金の価格と他の価格は負の相関をもつと推定する．為替レートまたは日経平均が減少するとき，金の平均価格は逆に増大している．

2.3 R によるデータの要約の手順と実データへの応用

これまで Excel で解説した内容を R で実施する方法について解説する．はじめに簡単なデータを用い R による基本的なデータの要約を行い，次に実ビジネスデータへ応用する．図 2.22 のデータ `sample.csv` を R の作業フォルダに保存しよう．

このデータを取り込み，要約作業を行う．作業は図 2.23A から図 2.23G に一連

2.3 Rによるデータの要約の手順と実データへの応用   39

	A	B	C	D
1	nenrei	seibetsu	yymm	tansin_tsukishouhi
2	～34歳	男	平成24年1～3月	165572
3	35～59歳	男	平成24年1～3月	185068
4	60歳～	男	平成24年1～3月	132854
5	～34歳	女	平成24年1～3月	146567
6	35～59歳	女	平成24年1～3月	173201
7	60歳～	女	平成24年1～3月	139425
8	～34歳	男	平成25年1～3月	167303
9	35～59歳	男	平成25年1～3月	178361
10	60歳～	男	平成25年1～3月	155528
11	～34歳	女	平成25年1～3月	169190
12	35～59歳	女	平成25年1～3月	173807
13	60歳～	女	平成25年1～3月	149275

図 **2.22**　取り込むデータ (`sample.csv`)

の流れとして示している．各図に示すスクリプトのコメント行以外のコマンドを実行することで各統計量などが求められる．なお，以降で取り上げるスクリプトは「2章Rのスクリプト.txt」にある．

a. データ取込み

図 2.23Aはデータの取込み処理である．`read.scv`コマンドでデータ取込みが実施できる．

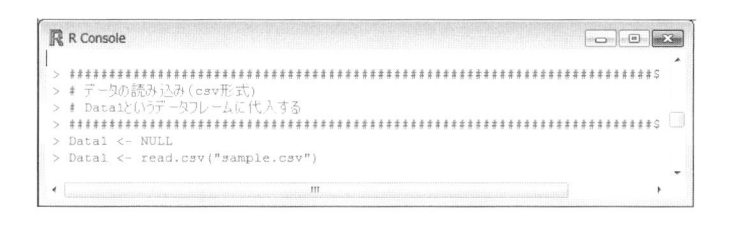

```
###############################################
> # データの読み込み(csv形式)
> # Data1というデータフレームに代入する
###############################################
> Data1 <- NULL
> Data1 <- read.csv("sample.csv")
```

図 **2.23A**　`sample.csv`を読み込む

b. 単純集計表

図 2.23Bは単純集計表 [(a) データの個数と (b) パーセンテージ] を作成する処理である．`table`コマンドを使用することで単純集計表を得ることができる．変数`xfreq1`は年齢を基準とし，変数`xfreq2`は性別を基準としている．このほか，変数`xperc1`や`xperc2`に求めているようにデータを加工して表を求めることも可能である．

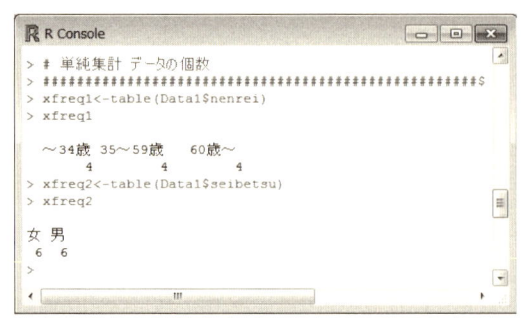

(a) データの個数

```
> # 単純集計 データの個数
> ###################################################$
> xfreq1<-table(Data1$nenrei)
> xfreq1

 ～34歳 35～59歳   60歳～
     4      4      4
> xfreq2<-table(Data1$seibetsu)
> xfreq2

女 男
 6  6
>
```

(b) パーセンテージ

```
> #####################################################################$
> # 単純集計 データの個数 ％
> #####################################################################$
> xperc1 <- table(Data1$nenrei)/sum(table(Data1$nenrei))*100
> xperc1

    ～34歳    35～59歳     60歳～
33.33333333 33.33333333 33.33333333
> xperc2 <- table(Data1$seibetsu)/sum(table(Data1$seibetsu))*100
> xperc2

女  男
50 50
```

図 2.23 B　単純集計表

```
> # 単純集計の棒グラフ
> ###################################################$
> barplot(xfreq1)
> barplot(xfreq2)
> barplot(xperc1)
> barplot(xperc2)
>
```

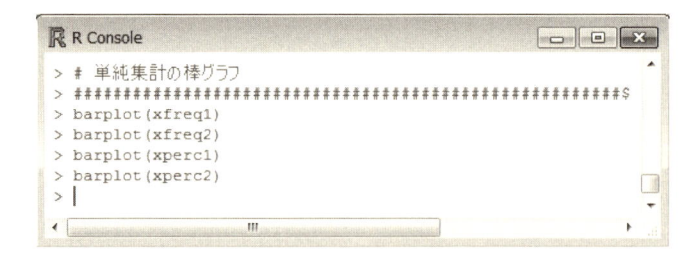

図 2.23 C　単純集計表の棒グラフ

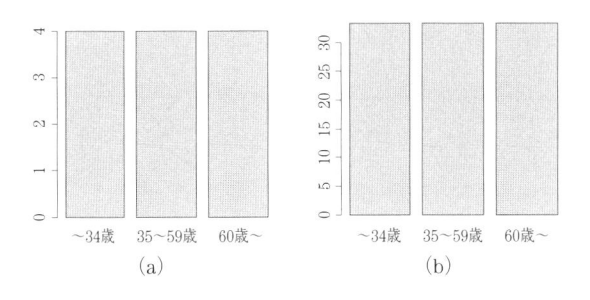

図 2.23 D　棒グラフ．(a) データの個数，(b) パーセンテージ．

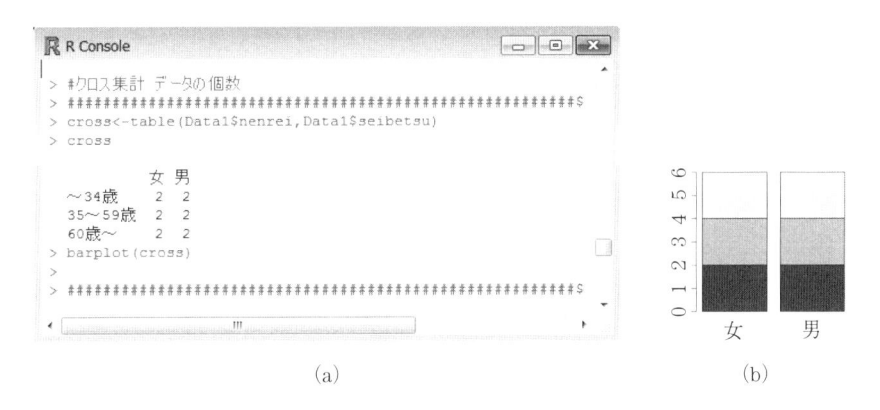

図 2.23 E　(a) クロス集計 (データの個数)，(b) 棒グラフ．

c. 棒グラフの描画

図 2.23C から図 2.23D は単純集計の棒グラフを描く処理である．棒グラフは barplot コマンドにて描画させることができる．

d. クロス集計表

今度はクロス集計 (データの個数) とその棒グラフをつくる (図 2.23E)．クロス集計表も table コマンドで作成できる．棒グラフの作成はこれまでと同じく barplot である．クロス集計表もデータをパーセント値などに加工して作成できる．

e. 基本統計量・平均・標準偏差，ヒストグラム

ここでは基本統計量を求めるコマンド，平均を求めるコマンド，標準偏差を求めるコマンド，そしてヒストグラム (度数分布図) をつくるコマンドを説明しよう (図 2.23F)．基本統計量は summary コマンドを用いることで求めることができる．

42   2 データの要約

(a)

(b)

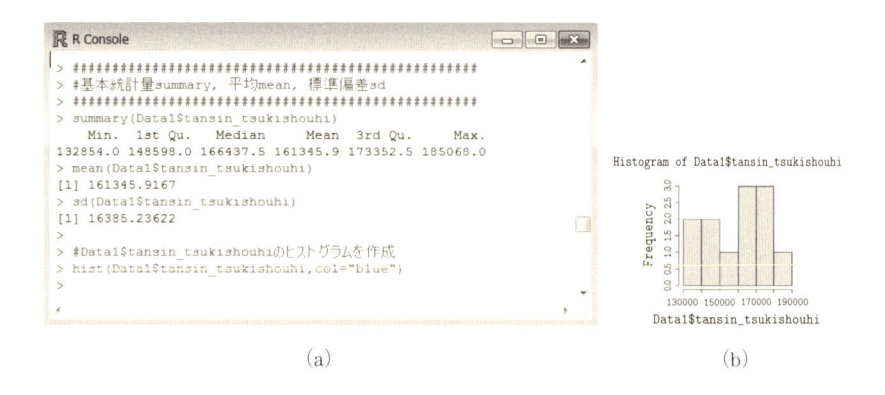

図 **2.23 F** (a) 基本統計量，(b) ヒストグラム．

平均は mean コマンド，標準偏差は sd コマンドでそれぞれ求められる．そしてヒストグラムは hist コマンドで描画できる．

f. 相関係数と散布図

続いて，図 2.24A に示す簡単なデータ (sample2.csv) を用いて相関係数と散布図をつくる．sample.csv をダウンロードし，R の画業フォルダに保存しよう．相関係数は cor コマンドで求められ，散布図は plot コマンドで描画できる (図 2.24B)．

以上，基本統計量や相関係数の求めるコマンド，散布図を描くコマンドを説明してきた．これらを踏まえ，実際のデータを要約してみよう．まずは，元データ f_data.csv を R の作業フォルダに保存しよう (図 2.25Ba)．このデータは日経平均，金価格，為替レートのデータで，年ごとの基本統計量を求め，さらに項目間の相関係数や散布図を求めて調査してみよう．

図 2.25Bb のように，データを読み込み，summary コマンドで年ごとのすべての

図 **2.24 A** 簡単なデータ (その 2) (sample2.csv)

```
> 
> ###################################################
> #相関係数と散布図(相関図)
> ###################################################
> Data2 <- NULL
> Data2 <- read.csv("sample2.csv")
> cor(Data2$身長,Data2$体重)
[1] 0.5205004447
> plot(Data2$身長,Data2$体重)
> 
```

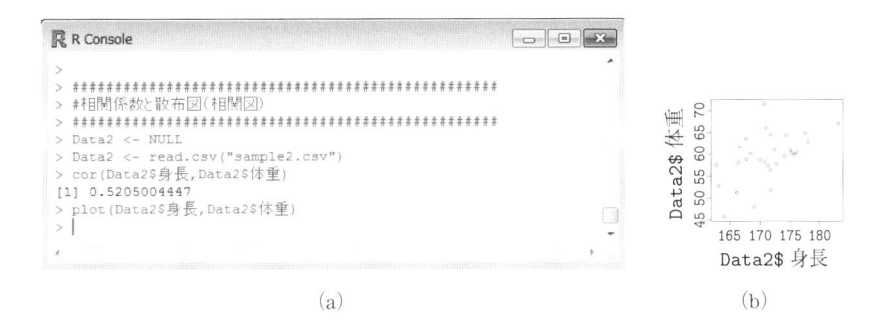

(a)   (b)

図 **2.24 B**   (a) 相関係数, (b) 散布図

	A	B	C	D	E	F
1	yearmonth	year	month	nikkei	gold	rate
2	2006年1月	2006	1	16649.82	2075	117.18
3	2006年2月	2006	2	16205.43	2136	116.35
4	2006年3月	2006	3	17059.66	2128	117.47
5	2006年4月	2006	4	16906.23	2317	114.32
6	2006年5月	2006	5	15467.33	2444	111.85
7	2006年6月	2006	6	15505.18	2225	114.66

図 **2.25 A**   ビジネスデータ (`f_data.csv`)

変数の基本統計量を求める．また，相関係数を cor コマンドで求め (図 2.25Bc)，散布図も描く (図 2.25Cb)．これらの結果からも，日経平均や為替レートが下落しているとき，金の価値が上がっている傾向が観察される．

44   2 データの要約

(a)

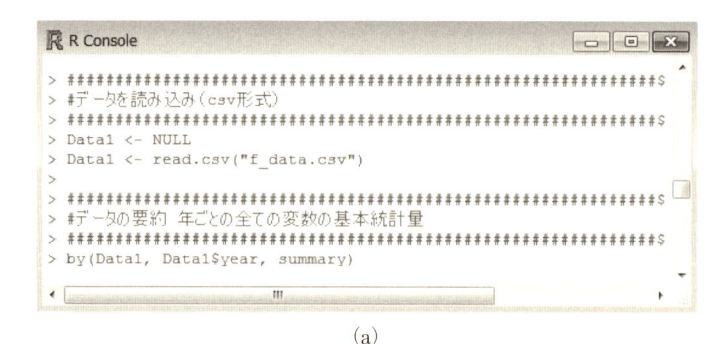

(b)

(c)

図 **2.25 B**　データの基本統計量，相関係数

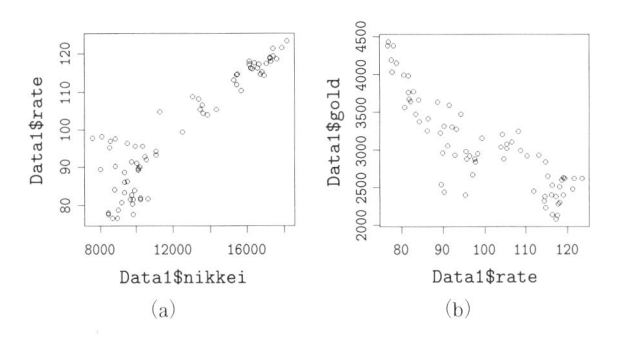

図 **2.25 C** (a) 日経平均と為替レート，(b) 為替レートと金価格との散布図．

3 回帰分析

　本章では回帰分析を用い「金価格」と「日経平均株価」より,「為替の米ドル対円レート」を予測する.回帰分析は,変数(金価格,日経平均株価)の変化がどのように為替レートの変化に影響しているかを明らかにし予測を行う.

　為替レートの予測を通して,回帰分析という手法についての理解を目標とする.まずはじめに1つの変数(金価格)から為替レートの予測を行う.さらに予測精度向上を目指し,2つの変数(金価格,日経平均株価)を用いて為替レートの予測を行う.また金価格と日経平均株価のどちらが為替レートへ影響を与えているのかもしらべる.手法の基本的な部分は Excel を,より進んだ部分は統計ソフトウェア R を使用して解説する.

　なお本章では,まえがきにある web ページからダウンロードできる chap3.zip にあるファイルを用いる.

3.1 回帰分析とは

a. 回帰分析の目的

　「為替の米ドル対円レート」,「金価格」,「日経平均株価」,これら3つのデータは互いに強く関連しているといわれる.2013年4月において,為替レートは円高傾向にあり,投資情報などで「輸出業が影響を受けるので日経平均株価は円高時に下降傾向になる」,「不況時には現物資産である金(ゴールド)価格が上昇する」,「国内の金価格は為替レートの影響を受ける」といった文言を目にした.実際に近年,金の価格は上昇傾向にあり,また日経平均株価は下落傾向にあった.

　このような場合に回帰分析は,

- 金価格と日経平均株価は為替レートに影響を与えているか?
- 影響を与えているとすると影響の大きさはどの程度なのか?
- 金価格や日経平均株価から米ドル対円レートを予測できるのか?

という問題の解決のために用いられる.

b. 回帰分析と予測

　回帰とは遺伝学者フランシス・ゴールトンの主張した「平均への回帰」に由来する名称である．これはたとえば，平均身長よりも高い身長の親の子供の身長は親より低い傾向にあり，平均身長よりも低い親の子供の身長は親より高い傾向にある．つまり子供の世代の身長は親よりも平均身長に近いものになる傾向にあるという事柄である．この「平均に近くなる」ということが「回帰」の起源である．
　回帰分析はこの「平均への回帰」に至った方法が発展したもので，現在では，変数間の関係を回帰式とよばれる数式により表し，変数間の影響の分析や，未知のデータについて予測するために，もっぱら用いられている．

c. 単回帰分析と重回帰分析

　回帰分析には単回帰分析と重回帰分析がある．単回帰分析は 1 つの変数による予測の方法であり，重回帰分析は複数の変数による予測の方法である．金価格と日経平均株価により為替レートを予測する場合を考えると単回帰分析と重回帰分析は次のようになる．

- 単回帰分析：金価格による為替レートの予測．
- 重回帰分析：金価格および日経平均株価による為替レートの予測．

単回帰分析はもっとも基本的な手法である．本書では Excel を用いて，単回帰分析の計算方法および手順を説明する．例題を試み，何をどのように計算しているかを理解されたい．重回帰分析では，複数のデータの関係を考慮する必要があり，より進んだ手法の理解が必要となる．重回帰分析では統計計算専用ソフトウェアである R を用いる．

3.2 回帰式とその推定

　回帰分析では，金価格と為替レートの関係を**回帰式**とよばれる数式によって表す．また，金価格と為替レートの関係をしらべるだけではなく，為替レートの変化を金価格によって説明しようとする．ここに "説明する" とはすなわち，金価格が変化すると為替レートはどのように変化していくのかを理解しようとすることである．
　いま，説明する変数 (変化の原因となる変数) を**説明変数**という．また，説明される側の変数 (変化を知りたい変数) を**被説明変数**という．たとえば金価格の為替レートへの影響を説明する場合，説明変数は金価格，被説明変数は為替レートとなる．

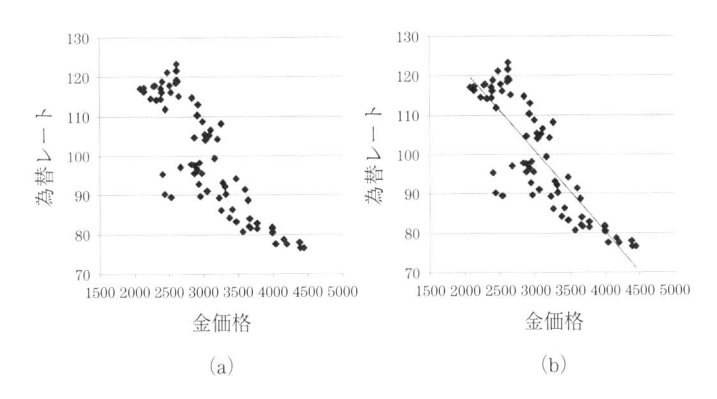

図 **3.1** 散布図 (a) と回帰直線の例 (b)

図 3.1a は金価格と為替レートの関係を表す散布図である．データ (表 3.1 参照) は直線上にはないが，負の相関がありそうな様子が見て取れる．

このとき，図 3.1b のようにデータの間の誤差をなるべく小さくする直線をデータに当てはめることを考える．この直線のことを**回帰直線**といい，その直線を表す式を**回帰式**という．

いま，説明変数を x，被説明変数を y とする．このとき回帰式は，データから求められる定数 a, b を用いて次のように表される．

$$y = ax + b$$

a は**回帰係数**とよばれ，説明変数の被説明変数への影響の度合いを表す係数であ

表 **3.1** 単回帰で使用するデータ (一部抜粋)

年　月	金価格	為替レート	年　月	金価格	為替レート
2006 年 1 月	2075	117.18	2007 年 1 月	2473	121.34
2006 年 2 月	2136	116.35	2007 年 2 月	2598	118.59
2006 年 3 月	2128	117.47	2007 年 3 月	2503	118.05
2006 年 4 月	2317	114.32	2007 年 4 月	2616	119.41
2006 年 5 月	2444	111.85	2007 年 5 月	2618	121.63
2006 年 6 月	2225	114.66	2007 年 6 月	2612	123.48
2006 年 7 月	2374	114.47	2007 年 7 月	2627	118.99
2006 年 8 月	2374	117.23	2007 年 8 月	2529	116.24
2006 年 9 月	2293	118.05	(省略)		
2006 年 10 月	2272	117.74	2011 年 10 月	4151	78.81
2006 年 11 月	2393	116.12	2011 年 11 月	4379	78.01
2006 年 12 月	2396	118.92	2011 年 12 月	4195	77.57

る．一方，b は金価格と関係しない一定の値であり，**切片**とよばれる．

なお，データの散らばりが大きい場合は，回帰式はデータをうまく説明できるとはいえない．そこで回帰式を利用する場合は，その精度をしらべることが重要になる．

3.3 単回帰分析

1つの説明変数から予測を行う方法は**単回帰分析**とよばれる．ここでは説明変数に国内の金価格，被説明変数にドルと円についての為替レートを用いて回帰分析を行う．計算過程は途中の流れがわかるように Excel を用いる．余裕があれば Excel にデータをダウンロードして計算を実行してもらいたい．

なお，表記する上で本章すべての数値は小数 3 位で四捨五入して記している．そのため，数式と具体的な数値を併せて記している場合などにおいて，表記されている数値を用いて計算式どおりに計算をしても，その計算結果は実際の計算結果と一致しない場合があるので留意されたい．

3.3.1 単回帰分析の手順とデータ

本書では回帰分析について，

(1) 回帰式を作成する，
(2) 作成した回帰式の精度をしらべる，
(3) 回帰式を用いて予測を行う，

という手順を踏んで説明する．

使用するデータは，2006–2011 年までの月ごとの米ドル対円レートを示したものである (表 3.1 参照)．この為替レートを金価格から予測することになる．

回帰式作成に使用するデータは表 3.1 の 2006–2011 年 7 月までとする．そして，2011 年 8–12 月までの為替レートを予測する．元データ 3 章 Excel.xlsx を使用してもらいたい．

3.3.2 Excel による計算手順

a. 最小二乗法

データと回帰直線の間の誤差を最小にする回帰係数と切片を求める方法を**最小二乗法**とよぶ．回帰係数の詳しい導出法についてはより専門的な統計学の本に委ね，ここでは単回帰分析における回帰係数および切片を求める公式を紹介する．

回帰係数 a は，金価格と為替レートの偏差積和 S_{xy} を金価格の偏差平方和 S_{xx} によって割ることによって得られる．

$$a(回帰係数) = \frac{S_{xy}(金価格と為替レートの偏差積和)}{S_{xx}(金価格の偏差平方和)}$$

切片は，求められた回帰係数を用い，為替レートの平均 $\bar{y}$ と金価格の平均 $\bar{x}$ から求めることができる．

$$b(切片) = \bar{y}(為替レートの平均) - a\bar{x}(回帰係数と金価格の平均の積)$$

b. 計 算 の 手 順

ここでは，Excel による計算によって回帰係数 a および切片 b を求めよう．その手順は，

(1) 金価格 x と為替レート y の平均 ($\bar{x}$ と $\bar{y}$) および偏差 (u_i と v_i)，
(2) 金価格の偏差平方和 S_{xx}，
(3) 金価格と為替レートの偏差積和 S_{xy}，

表 3.2 金価格と為替レートによる単回帰分析計算過程

年 月	x (金価格)	y(為替レート)	x の偏差	x の偏差の 2 乗	y の偏差	y の偏差の 2 乗	x の偏差 $\times y$ の偏差
2006 年 1 月	2075	117.18	-892.45	796463.01	16.09	258.91	-14360.15
2006 年 2 月	2136	116.35	-831.45	691305.38	15.26	232.89	-12688.51
2006 年 3 月	2128	117.47	-839.45	704672.54	16.38	268.33	-13750.78
2006 年 4 月	2317	114.32	-650.45	423082.29	13.23	175.05	-8605.91
2006 年 5 月	2444	111.85	-523.45	273997.56	10.76	115.79	-5632.69
2006 年 6 月	2225	114.66	-742.45	551228.68	13.57	184.17	-10075.57
2006 年 7 月	2374	114.47	-593.45	352180.25	13.38	179.04	-7940.77
2006 年 8 月	2374	117.23	-593.45	352180.25	16.14	260.52	-9578.69
2006 年 9 月	2293	118.05	-674.45	454879.78	16.96	287.67	-11439.14
2006 年 10 月	2272	117.74	-695.45	483647.59	16.65	277.25	-11579.72
2006 年 11 月	2393	116.12	-574.45	329990.23	15.03	225.92	-8634.38
2006 年 12 月	2396	118.92	-571.45	326552.54	17.83	317.94	-10189.34
2007 年 1 月	2473	121.34	-494.45	244478.59	20.25	410.09	-10012.94
2007 年 2 月	2598	118.59	-369.45	136491.65	17.50	306.28	-6465.61
2007 年 3 月	2503	118.05	-464.45	215711.72	16.96	287.67	-7877.38
2007 年 4 月	2616	119.41	-351.45	123515.53	18.32	335.65	-6438.79
2007 年 5 月	2618	121.63	-349.45	122113.74	20.54	421.92	-7177.92
2007 年 6 月	2612	123.48	-355.45	126343.11	22.39	501.35	-7958.74
2007 年 7 月	2627	118.99	-340.45	115904.68	17.90	320.44	-6094.27
2007 年 8 月	2529	116.24	-438.45	192236.44	15.15	229.55	-6642.81
(省略)							
2011 年 4 月	3989	81.6	1021.55	1043568.98	-19.49	379.83	-19909.29
2011 年 5 月	3980	81.6	1012.55	1025262.04	-19.49	379.83	-19733.89
2011 年 6 月	3994	80.42	1026.55	1053809.50	-20.67	427.22	-21218.07
2011 年 7 月	4037	78	1069.55	1143941.99	-23.50	552.21	-25133.68
合 計	198819.00	6772.98	0.00	17845524.57	0.00	12771.48	-393867.61
平 均	2967.45	101.09	—	—	—	—	—

を順に求め,最後に先の公式から回帰係数 a と切片 b を計算する.計算過程は表 3.2 に掲載されている.

c. 偏差の計算

偏差は平均値からどのくらい離れているかを示したものである.金価格 x の i 番目の値を x_i とし,x の平均値を $\bar{x}$,偏差を u とすると,i 番目にあるデータ x の偏差 u_i は

$$u_i(\text{金価格の偏差}) = x_i(\text{金価格}) - \bar{x}(\text{金価格の平均})$$

となる.表 3.2 では,1 番目 ($i=1$) の価格 x_1 は 2,075 円であり,平均 $\bar{x}$ は表の第 2 列目の最後の行に記載されており,2,967.45 円となる.したがって,x_1 の偏差 u_1 は

$$u_1 = x_1(1\text{番目の金価格}) - \bar{x}(\text{金価格の平均}) = 2,075 - 2,967.45 = -892.45$$

となる.計算結果は,表 3.2 の「x の偏差」の列にある.

同様に為替レートの偏差 $(v_1, v_2, \cdots, v_n)$ も計算できる.表 3.2 の「y の偏差」の列に計算結果を示している.

d. 偏差平方和の計算

金価格の偏差平方和 S_{xx} はそれぞれの偏差を 2 乗したものの合計値である.いまデータの個数を n とすると,金価格 x についての偏差平方和は

$$S_{xx}(\text{偏差平方和}) = (x_1 \text{の偏差})^2 + \cdots + (x_n \text{の偏差})^2$$

となる.表 3.2 の「x の偏差の 2 乗」の列にそれぞれの金価格の偏差の 2 乗を記載している.これらの和が偏差平方和であり,

$$S_{xx}(\text{偏差平方和}) = 796.463.01 + \cdots + 1,143,941.99 = 17,845,524.57$$

となる.

e. 偏差積和の計算

x と y の偏差積和は金価格 x の偏差 u と為替レート y の偏差 v の積を合計したものであり

$$S_{xy}(\text{偏差積和}) = (x_1 \text{の偏差}) \times (y_1 \text{の偏差}) + \cdots + (x_n \text{の偏差}) \times (y_n \text{の偏差})$$

となる.

それぞれのデータの計算結果は表 3.2 の最後の「x の偏差 $\times y$ の偏差」の列に記載されており,これらの結果を用いて偏差積和は,

$$S_{xy}(\text{偏差積和}) = -14,360.15 + \cdots + (-25,133.68) = -393,867.61$$

と計算できる.

f. 回帰係数と切片の計算

求められた偏差平方和 S_{xx} と偏差積和 S_{xy} より回帰係数 a と切片 b を算出する．

$$a = \frac{S_{xy}}{S_{xx}} = \frac{-393,867.61}{17,845,524.57} = -0.02$$

$$b = \bar{y} - a\bar{x} = 101.09 - (-0.02) \times 2,967.45 = 166.58$$

したがって，回帰式は

$$y = -0.02x + 166.58$$

となる．回帰係数が負となり，金価格が上昇すると為替レートは下がることになる．

3.3.3 決定係数による回帰式の精度の測定

a. 決定係数の必要性

回帰係数はデータにもっとも忠実になるように決定されるが，データを直線で完全に表現することはできない．そこで作成した回帰式がどの程度データを表現できているのかしらべる必要がある．このために用いられるのが**決定係数**である．

b. 計　算　方　法

単回帰分析の場合，決定係数は x と y の相関係数の 2 乗で求めることができる．相関係数は

$$r(相関係数) = \frac{金と為替レートの偏差積和}{\sqrt{金の偏差平方和と為替レートの偏差平方和の積}}$$
$$= \frac{S_{xy}}{\sqrt{S_{xx}S_{yy}}}$$

で求められる．

相関係数 r は金価格と為替レートの関係の強さを表すものである．値は -1 から 1 までの値をとる．

c. 決定係数の意味

決定係数は作成した回帰式がどの程度，被説明変数 y を説明できるかを示すために用いられる．たとえば実測値と予測結果が一致すれば，その回帰式によって y を完全に説明できることになる．この決定係数は 0 から 1 までの値をとる数値で，1 に近いほど説明ができる，つまり予測の精度が高いことを表している．なお，決定係数が 0.5 を越えると精度は良いといえ，0.9 以上なら非常によくデータを表現しているといえる．

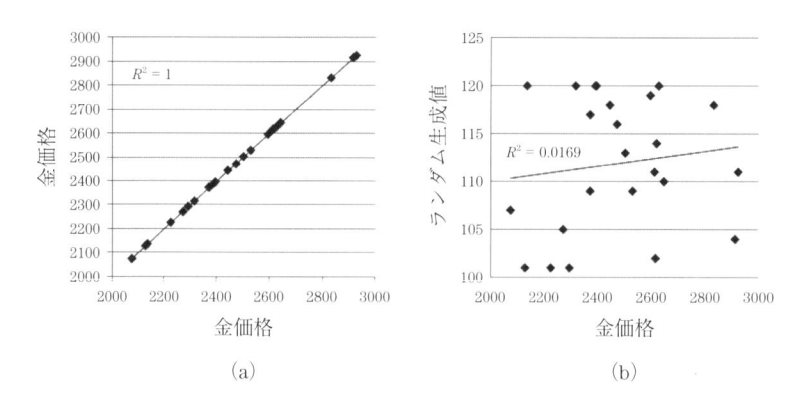

図 **3.2** 決定係数が高い回帰式 (a) と低い回帰式 (b) の例

d. 決定係数の例

ここで決定係数が高い例と低い例を紹介しよう．図 3.2a は非常に極端な例であるが，金価格と金価格の散布図である．図は，金価格を金価格 (それ自身) で完全に説明できることを表しており，相関係数は 1，決定係数も 1 となる．図 3.2b は，これもまた非常に極端な例であるが，金価格と適当な値 (ランダムに生成した値) を用いて散布図を描いたものである．データは回帰直線から大きく離れている．このとき決定係数を計算すると非常に小さな値，0.02 となっている．

e. 計 算 例

例題の決定係数を求める．計算に必要な値は，回帰係数を求める際に計算してある表 3.2 の金価格 x の偏差と為替レート y の偏差である．これらから x と y の偏差積和 S_{xy}，x の偏差平方和 S_{xx}，y の偏差平方和 S_{yy} を求めて，相関係数 -0.83 を得る．

$$r(相関関数) = \frac{S_{xy}}{\sqrt{S_{xx}S_{yy}}}$$

$$= \frac{-393,867.61}{\sqrt{17,845,524.57 \times 12,771.48}} = -0.83$$

この値を 2 乗し，決定係数を求める．このデータでは 0.68 となり，精度は良いといえる．

3.3.4 予　　測
a. 予 測 計 算

回帰式はある特定のデータにのみ当てはまるものではなく未知のデータにも適用できる．そこで回帰式の作成で使用しなかった 2011 年 8–12 月までのデータを用い予測を行ってみる．これは，求まった回帰式に 8–12 月のデータを当てはめることによって予測値が得られる．

たとえば 2011 年 8 月の予測は，求まった回帰式に 8 月の金価格を代入して

$$8\text{月の為替レートの予測値} = -0.02 \times (8\text{月の金価格}) + 166.58$$

と計算できる．実際計算すると

$$69.82 = -0.02 \times 4{,}384 + 166.58$$

となる．

すべての予測データについて計算した結果は表 3.3 に記載している．

表 **3.3**　予測結果

年　月	金価格	為替レート	予測
2011 年 8 月	4384	76.58	69.82
2011 年 9 月	4437	76.7	68.65
2011 年 10 月	4151	78.81	74.97
2011 年 11 月	4379	78.01	69.93
2011 年 12 月	4195	77.57	74.00

b. 予 測 グ ラ フ

次に実測値と予測値の状態を確認するため，回帰式作成区間と予測区間それぞれにおいてグラフで表してみる．図 3.3 では実線が実測値，点線が予測値である．

図 3.3a は回帰式作成区間の図である．これを見ると実測値と予測値の差は次第に大きくなり，2008 年 10 月付近で大きな違いとなっている．その後，予測値と実測値の差は次第に小さくなっている．

さらに図 3.3b に示した予測区間の結果を見ると，実測値と予測値の差はかなり大きいことがわかる．また，実測値よりも低い値が予測値として計算されている．これでは未来の予測ができたとはいえない．今回作成した回帰式は，未来の予測に用いるのは難しいと判断できる．そこで続いては予測精度の向上を目指して重回帰分析にて分析を試みる．

56   3 回 帰 分 析

(a) 回帰式作成区間

(b) 予測区間

図 **3.3**　単回帰分析による実測値と予測値

3.4 重 回 帰 分 析

複数の変数により予測を行う方法を**重回帰分析**とよぶ．ここでは金価格に加えて日経平均株価を用い予測する．さらに回帰式の有効性の検定と金価格と日経平均株価のどちらが為替レートに影響を与えているのかもしらべる．

前節では Excel を用い単回帰分析の計算方法を説明した．この節では統計計算専用ソフトウェアである R を用いて重回帰分析を行う．R を用いるとより効率の良い分析ができる．

3.4.1 重回帰分析の手順

a. 回帰式，回帰係数

金価格と日経平均株価を用いての重回帰分析における回帰式は，2 つの説明変数を x_1 および x_2 とし，各説明変数の被説明変数 y への影響の度合いを表す係数をそれぞれ a_1 および a_2 とすると，次のような形である．

$$y = a_1 x_1 + a_2 x_2 + b$$

a_1 および a_2 は回帰係数，b は切片とよばれる．

注意：単回帰分析において，x_1 や x_2 という文字はある月の価格を表していたが重回帰においては変数として用いる．

b. 分析手順

分析手順は単回帰分析と基本的に同じである．ただ今回は，回帰式が予測のために有効であるかどうかの検定と 2 つのデータのどちらが為替レートへ大きな影響を与えているのかもしらべることにする．

(1) 回帰係数の推定，
(2) 回帰式の精度の測定，
(3) 回帰式を用いた予測，

までは単回帰分析と同じで，さらに

(4) 回帰係数の有効性 (有意性) の検定，
(5) 影響度の比較，

表 **3.4** 重回帰分析で使用するデータ

年　月	日経平均株価	金価格	為替レート	年　月	日経平均株価	金価格	為替レート
2006 年 1 月	16649.82	2075	117.18	2007 年 1 月	17383.42	2473	121.34
2006 年 2 月	16205.43	2136	116.35	2007 年 2 月	17604.12	2598	118.59
2006 年 3 月	17059.66	2128	117.47	2007 年 3 月	17287.65	2503	118.05
2006 年 4 月	16906.23	2317	114.32	2007 年 4 月	17400.41	2616	119.41
2006 年 5 月	15467.33	2444	111.85	2007 年 5 月	17875.75	2618	121.63
2006 年 6 月	15505.18	2225	114.66	2007 年 6 月	18138.36	2612	123.48
2006 年 7 月	15456.81	2374	114.47	2007 年 7 月	17248.89	2627	118.99
2006 年 8 月	16140.76	2374	117.23	2007 年 8 月	16569.09	2529	116.24
2006 年 9 月	16127.58	2293	118.05	(省略)			
2006 年 10 月	16399.39	2272	117.74	2011 年 4 月	9849.74	3989	81.6
2006 年 11 月	16274.33	2393	116.12	2011 年 5 月	9693.73	3980	81.6
2006 年 12 月	17604.12	2598	118.59	2011 年 6 月	9816.09	3994	80.42
				2011 年 7 月	9833.03	4037	77.59

を加えて説明する.

表 3.4 にはこの節で使用するデータの一部を掲載している. 全データ Regression.txt を Rdata フォルダに保存しよう.

3.4.2　R による重回帰分析の実行
a.　R スクリプト (プログラム)

R のプログラムは**スクリプト**とよばれている. 今回実施する重回帰分析で使用するスクリプトをスクリプト 3.1 に記している. このスクリプトは, 回帰分析を実行するコマンド lm と, 求めた回帰式により予測するコマンド predict から構成されている.

処理の概要を示すと,

(1) 計算の準備,
(2) データ作成,
(3) 回帰分析の実行 (lm),
(4) 予測の実行 (predict),

となる.

スクリプトの中の#から始まる行は**コメント文**というもので, 説明文である. 各コマンドで実施している処理の内容は, このコメント文を用いて説明している. コメント文は R に読み込ませても実行されないのでプログラムの実行の際にコメント文を除く必要はない.

b.　準備 (1–13 行目)

スクリプトの 1–13 行目までは回帰分析の準備の部分である. ここでは, データの取込み, 回帰式作成のためのデータ数の決定, および行と列のサイズをしらべる.

2 行目は分析に使用するデータを取り込むコマンド read.table である. ここでは, c ドライブの Rdata というフォルダ内にある Regression.txt というファイルを変数 data に読み込んでいる. header=TRUE はファイルにヘッダー情報 (変数名) が含まれている場合に指定する.

Regression.txt はスペース区切りのテキストファイルである. 1 章ではファイルの取り込みに read.csv を使用したが, これはファイルがカンマ区切りの CSV ファイルであったためである.

5 行目は取り込んだデータのうち, 回帰式作成に使用するデータ数を指定している. 今回, 回帰式作成のために使用するデータは 2011 年 7 月までの 67 個であ

3.4 重回帰分析　59

スクリプト **3.1**　重回帰分析スクリプト (プログラム)

```
 1: # -- 準備 --
 2:   data <-read.table("c:/Rdata/Regression.txt",header=TRUE)
 3:     # 変数 data への Regression.txt ファイルの読込み
 4:
 5:   num<-67
 6:     # 回帰式作成に使用するデータ個数を設定
 7:
 8:   M<=nrow(data)
 9:     # 変数 data の行の数を求める
10:
11:   N<-ncol(data)
12:     # 変数 data の列の数を求める
13:
14: # --データ作成--
15:   inputData <-data[c(1:num),c(1:N)]
16:     # 回帰式作成用データ作成
17:     # 回帰式作成に使用するデータを変数 data から抜き出す
18:
19:   valData <-data[c((num+1):M),c(1:N)]
20:     # 検証用データ作成
21:     # 回帰式検証に使用するデータを変数 data から抜き出す
22:
23: # --回帰分析--
24:   Kaiki <-lm(為替レート~日経平均株価+金価格, data=inputData)
25:     # 回帰式作成用データを使用して回帰分析を行う
26:
27:   summary(Kaiki)
28:     # 係数やその検定結果の表示
29:
30: # 式をもとに予測する (回帰式作成区間)
31:   KaikiResult <-predict(Kaiki)
32:     # 回帰式に回帰式作成に使用したのと同区間の実測値を投入
33:
34:   KaikiResult
35:     # 結果の表示
```

る．ここで指定した個数は，numという変数に保存される．

8行目では，行数を求めるコマンドnrow，11行目が列数を求めるコマンドncolを実行している．行と列の数はMとNという変数にそれぞれ保存される．

5行目と8行目と11行目で実施した作業は後工程でデータ加工の範囲指定などに使用するためのものである．回帰分析の実施に必須の作業ではないが，ここで変数にセットしておくと後工程で便利である．

c.　データの作成 (14–22 行目)

ここでは作成するデータを回帰式作成用と予測用に分ける．15行目では回帰式作成に使用するnum個まで，すなわち1番目から67番目まで，そしてN列まで，すなわち1–4列目までのデータを作成する．データは変数inputDataに保存される．

19行目は予測区間で使用するデータを作成する．全データから，1–67番目までの回帰式作成用データを除いた部分，すなわち68番目 (num個+1個) からM番目 (データの最終行) まで，そしてN列までのデータが変数valDataに保存される．

d.　回帰分析の実行 (23–29 行目)

24行目は回帰分析の実施コマンドlmである．回帰式を求めるコマンドKaiki <- lm (為替レート ~ 日経平均株価 + 金価格, data=inputData) の「為替レート ~ 日経平均株価 + 金価格」はyの予測に何を使用するかを指定している．その後に続くdata=inputDataは使用するデータが回帰式作成用データのinputDataである事を指定している．なお分析の結果はKaikiという変数に保存される．

27行目は回帰分析の結果を表示するコマンドsummaryである．

e.　予測の実行 (30–35 行目)

31行目は24行目で作成された回帰式Kaikiに回帰式作成区間のデータを入れ回帰式作成区間での予測predictを行っている．予測の結果はKaikiResultに保存される．

34行目は予測の結果を表示する指示である．

f.　計 算 結 果

スクリプト 3.1 を実行すると，最小二乗法による計算結果が表示される．その結果を図 3.4 に示す．CoefficientsのEstimateの列に切片や回帰係数が示されている．

これを見ると，切片interceptが 99.61，日経平均終値が 0.003，金価格が -0.01 と推定されている．したがって求める回帰式は

$$y = 0.003x_1 + (-0.01)x_2 + 99.61$$

```
> summary(Kaiki)

Call:
lm(formula = 為替レート ~ 日経平均株価 + 金価格, data = inputData)

Residuals:
    Min      1Q  Median      3Q     Max
-6.5382 -2.2880 -0.4513  2.2532  9.1634

Coefficients:
              Estimate Std. Error t value Pr(>|t|)
(Intercept) 99.6136527  5.1085576  19.499  < 2e-16 ***
日経平均株価  0.0026991  0.0001764  15.305  < 2e-16 ***
金価格       -0.0109867  0.0011361  -9.671 3.88e-14 ***
---
Signif. codes:  0 '***' 0.001 '**' 0.01 '*' 0.05 '.' 0.1 ' ' 1

Residual standard error: 3.698 on 64 degrees of freedom
Multiple R-squared: 0.9315,     Adjusted R-squared: 0.9293
F-statistic:   435 on 2 and 64 DF,  p-value: < 2.2e-16

>
> |
```

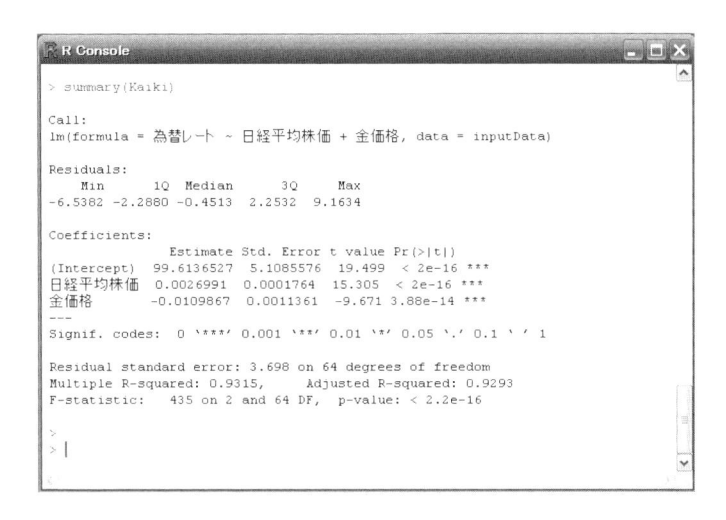

図 **3.4** 重回帰分析結果

となる.

決定係数は Multiple R-squared に示されている. 値は 0.93 であり, かなり良い精度で回帰式を求められたことになる.

3.4.3 検　　定

a. 検定の目的と方法

この節では**検定**という作業を行う. これまで 2006 年 1 月–2011 年 7 月までのデータを用いて回帰係数を求めてきたが, 金価格と日経平均株価はこの期間にしか存在しないデータではない. より古い期間にもデータは存在している. このように, データが存在しているすべての期間のデータの事を**母集団**とよび, 今回用いた 2006 年 1 月から 2011 年 7 月までのデータのように, すべての期間のデータから一部の期間を抜き出したデータの事を**標本**とよぶ. 検定では, 標本で得られた金価格と日経平均株価についての情報が母集団においても有効 (有意) かどうかをしらべる. つまり標本区間で偶然得られた情報ではないということをしらべる. この検定も回帰分析の目的の 1 つである.

検定は, 母集団の回帰係数をゼロと仮定すると, どの程度の確率で標本区間の回帰係数は得られるのかを計算する. 判断の基準となる確率を**有意水準**とよぶ. たとえば有意水準を 0.05 としよう. この場合, 確率が 0.05 よりも小さければ, まれにしか得られるはずのない回帰係数が求められたことになり, これはすなわち,

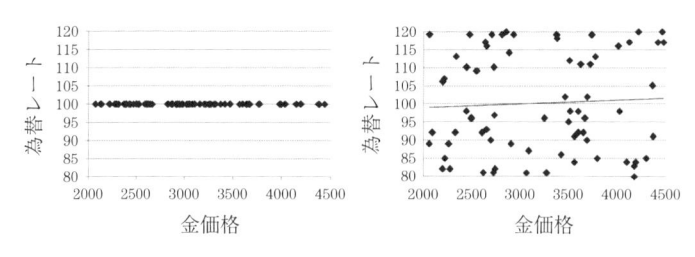

(a) 母集団(より大きなデータ) (b) 標本(ランダム生成 p 値 = 0.6)

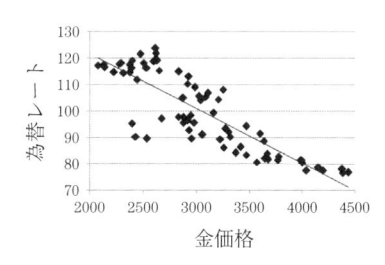

(c) 標本(2006 年から 2011 年 p 値 = 0)

図 **3.5** 母集団 (a) と p 値が高い標本 (b) と低い標本 (c) の例

母集団の回帰係数がゼロの可能性は低いといえる．母集団の回帰係数がゼロであるというのは図 3.5a のような状態である．この場合，為替レートは金価格に影響されずに一定の値をとる．すなわち，金価格は為替レートの予測には役にたたないことを意味している．

この確率 (p 値という) が高い場合と低い場合を例を用いて見てみよう．図 3.5b は確率がある程度高いデータである (p 値 = 0.6)．これは極端な例であるがランダムに生成した金価格と為替レートを用いて計算されたものである．この場合，確率は有意水準の 0.05 よりも高く，「母集団の回帰係数はゼロである」可能性は十分に高い．この場合は金価格についての情報を知っていても為替レートの予測には有効ではないことになる．

一方，図 3.5c は，2006–2011 年の区間の，金価格と為替レートを用いて描画した散布図と確率を表している．確率はほぼゼロ (p 値 = 0) であるので，「母集団の回帰係数はゼロである」可能性はほとんどない．すなわち，金価格は為替レートを予測するために有効であることを示している．

b. 検定結果

検定の結果は図 3.4 の Coefficients の Pr(>|t|) と表記のある欄に数値でそれぞれの係数ごとに表示される．結果中の e+02 などの表記は 10^2 などを意味する．たとえば 1.007e+02 であれば 1.007×100，2.656e-03 であれば 2.656×0.001 という意味である．

今回の場合は，日経平均株価に関しては，<2e-16 と記されており，これは p 値がより小さいことを示している．また，金価格に関しては，3.88e-14 となっている．どちらも p 値は非常に小さく，ほとんどゼロに等しくなっている．

これらは母集団における回帰係数はゼロであるという仮説からは，非常にまれにしか得ることができない回帰係数の値であることを示している．すなわち，母集団における回帰係数はゼロではない可能性が高く，金価格と日経平均株価の両方の情報は為替レートの予測に有効であるといえる．

3.4.4 予測

ここまでの作業で回帰式が作成でき，精度と有効性の確認も済んだ．そこで作成した回帰式に新しいデータを入れ予測する．

a. 予測のスクリプト

スクリプト 3.2 は新しいデータを入力し，予測を行うものである．

スクリプト **3.2**　予測のための重回帰分析スクリプト

```
1: # 予測
2:   valResult <-predict(Kaiki,valData)
3:     # 検証用データを回帰式に投入
4:
5:   valResult
6:     # 結果を表示する
```

2 行目は予測の部分である．得られた回帰式に，回帰式の作成では用いなかったデータ valData を入れ，予測をしている．コマンドを実行すると図 3.6 で示される結果が表示される．

b. 実測値と予測値の関係

結果をよりよく理解するために，ここで回帰式作成区間の実測値と予測値，そして予測区間の実測値と予測値を描いてみよう．

64   3 回 帰 分 析

```
> valResult <-predict(Kaiki,valData)
> valResult
       68       69       70       71       72
75.61927 74.34893 78.26876 74.26905 76.34659
>
```

図 **3.6**　予測結果

図 3.7a は回帰式作成区間について実測値と予測値を表している．2008 年 8 月付近と 2009 年 3 月付近のデータで実測値と予測にやや大きな差が見られるもの

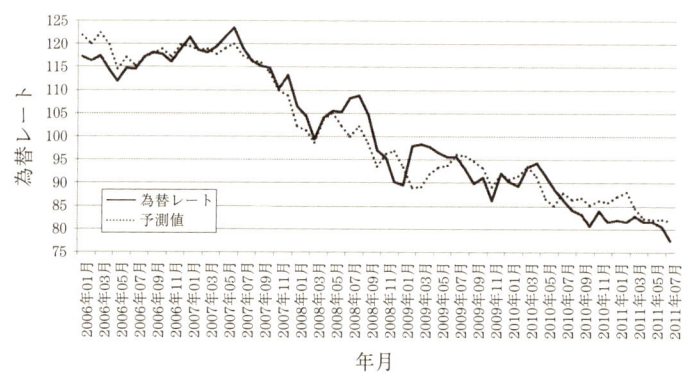

(a)　回帰式作成区間

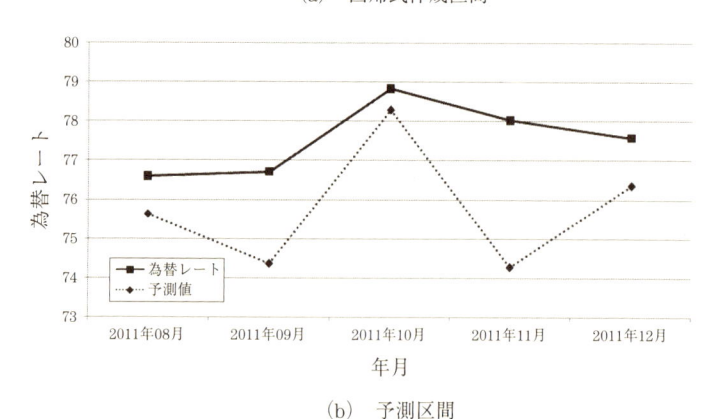

(b)　予測区間

図 **3.7**　重回帰分析による予測結果

の，全体的に単回帰分析と比較すると実測値と予測値の差は小さい．

一方，図 3.7b は予測区間を表している．単回帰分析と比較して，実測値と予測値の誤差は少ない．実際，予測区間 2011 年 10 月の予測値は，ほぼ実測値と一致している．

c. 単回帰分析との比較

最後に，重回帰分析による予測結果と単回帰分析による予測結果を表にした(表 3.5)．この結果から単回帰分析と比較して重回帰分析はより実測値に近づいていることがわかる．

表 3.5 単回帰と重回帰による予測値と実測値の比較

年 月	実測値	単回帰分析	重回帰分析
2011 年 8 月	76.58	69.82	75.62
2011 年 9 月	76.7	68.65	74.35
2011 年 10 月	78.81	74.97	78.27
2011 年 11 月	78.01	69.93	74.27
2011 年 12 月	77.57	74.00	76.35

さらに精度向上を目指したい場合は，使用するデータを変更する，または，データ数を増やすなどして試行錯誤してもらいたい．また，7 章で取り上げる階層型ネットワークなどの人工知能モデルを使用することも精度向上の手段の 1 つである．

3.4.5 影響度の測定

a. データの標準化の必要性

最後に回帰係数の影響度をしらべる．正確な回帰係数の比較のためにはデータの標準化が必要となる．これは回帰分析に使用するデータは単位などが異なっており大きさが違う場合が多いからである．

通常，平均が 0 で標準偏差が 1 になるよう標準化を行う．使用するデータを同じ基準にすることによって，回帰係数を比較することが可能になる．

b. 標準化の手順

標準化された変数 z は，y の標準偏差を s_y とすると以下の式で求めることができる．

$$z_i(標準化された為替レート) = \frac{y_i(為替レート) - \bar{y}(平均)}{s_y(標準偏差)}$$

すなわち，y_i (為替レート) の偏差を y の標準偏差で割ればよいことになる．ここでは y を標準化する方法を述べたが，他の変数を標準化する場合には上式の該当

表 3.6　標準化後のデータ

年 月	日経平均株価	金価格	為替レート	年 月	日経平均株価	金価格	為替レート
2006 年 1 月	1.20	−1.72	1.16	2007 年 1 月	1.42	−0.95	1.46
2006 年 2 月	1.07	−1.6	1.10	2007 年 2 月	1.49	−0.71	1.26
2006 年 3 月	1.32	−1.61	1.18	2007 年 3 月	1.39	−0.89	1.22
2006 年 4 月	1.28	−1.25	0.95	2007 年 4 月	1.43	−0.68	1.32
2006 年 5 月	0.85	−1.01	0.77	2007 年 5 月	1.57	−0.67	1.48
2006 年 6 月	0.86	−1.43	0.98	2007 年 6 月	1.65	−0.68	1.61
2006 年 7 月	0.85	−1.14	0.96	2007 年 7 月	1.38	−0.65	1.29
2006 年 8 月	1.05	−1.14	1.16	2007 年 8 月	1.18	−0.84	1.09
2006 年 9 月	1.05	−1.30	1.22		(省略)		
2006 年 10 月	1.13	−1.34	1.20	2011 年 4 月	−0.83	1.96	−1.40
2006 年 11 月	1.09	−1.10	1.08	2011 年 5 月	−0.88	1.95	−1.40
2006 年 12 月	1.37	−1.10	1.28	2011 年 6 月	−0.84	1.97	−1.49
				2011 年 7 月	−0.83	2.06	−1.69

する変数に置き換えればよい．回帰式作成区間のすべてのデータを標準化した結果は表 3.6 に示している．

c.　標準化データによる重回帰分析

標準化したデータによる重回帰分析から，日経平均の係数は 0.65，金価格の係数が −0.41 と計算できた．

このとき，求める回帰式は

$$y = 0.65x_1 + (-0.41)x_2$$

となる．

日経平均株価は正の数値，金価格は負の数値である．したがって，今回のデータでは金価格が下がれば為替レートが上がる，そして日経平均が上がれば為替レートも上がることがわかる．

さらに日経平均の方が金価格よりも大きい数値である．このことから為替レートには金価格よりも日経平均の方がより影響を及ぼしている．

3.5　回帰分析の課題と有用性

a.　金価格，日経平均株価と為替レート

本章では，金価格と日経平均株価を用い為替レートの予測を行い，為替レートをかなりの精度で予測できることがわかった．

また，金価格と日経平均株価は為替レートに異なった影響を与えること，すなわち，金価格が上がると為替レートは下がり，日経平均が上がれば為替レートも上がる傾向があることがわかった．

最後にデータを標準化し分析した結果，金価格よりも日経平均の方が影響を及ぼしている可能性もわかった．

b. 方法の問題点と可能性

そこで，さらに複雑なデータ解析を行いたいと考えるかもしれない．たとえば変数の数をさらに増やし，どの変数が最も為替レートに影響を与えるのかをしらべることは可能であろう．しかし，変数を増やした場合は互いの変数の関係が複雑になり予測も難しくなる可能性もある．データ間に強い相関関係があると回帰係数が影響しあうことがある．したがって，複雑なデータにどの程度応用できるかの問題は残る．

しかし，データ間の関係を理解し将来の予測を行う能力は，ビジネスではもっとも重要な能力の1つである．この重要な能力を補強する回帰分析は，もっとも使いやすい方法の中の1つである．

練 習 問 題

表3.7のデータは，総務省統計局公開データの「外食産業市場規模推計」の「飲食店(単位：億円)」を表している．今回はこの外食産業の来期市場規模を予測する回帰式をつくる．分析にはRを用いる．

この飲食店の市場規模の予測には，同じく総務省統計局公開データの「1世帯あたり貯蓄および負債の現在高」の「年間収入」と「世帯人員」を説明変数として使用する．

データは全部で24年分あるが回帰式作成には23年分を使用し，最後の1年のデータを予測対象とする．このデータは Regression_Exercise.txt という名前で，cド

表 3.7 使用するデータ (一部抜粋)

年	市場規模推計—飲食店 (億円)	年間収入 (千円)	世帯人員 (人)
1975	33102	2990	3.9
1976	39845	3428	3.87
1977	43629	3769	3.84
1978	47970	3932	3.84
1979	53940	4314	3.83
1080	58455	4643	3.83
(省略)			
1996	128995	7545	3.36
1997	134406	7548	3.32
1998	132659	7584	3.35

ライブ直下の Rdata フォルダに保存して使用してもらいたい.

　この練習問題で分析の流れを一通り経験しておくと，自身のデータを分析する際にスクリプト関係で悩むことは少なくなることだろう．なお，この問題は重回帰分析を R で一通り実際に実施する練習 (データの読込み，データの作成，回帰分析の実施，予測) のために用意した．そのため，使用データや予測精度についてなど，仮説，問題点，改善点などは考慮していないので，得られた結果の解釈などは不要である．

3.1 23 年分のデータを使用して重回帰式を作成せよ．

3.2 作成した回帰式の決定係数を求めよ．

3.3 24 年目の市場規模を予測せよ．

4 クラスター分析

本章ではクラスター分析を用い，ビール系飲料(ビール，発泡酒，新ジャンル)の分類を行う．商品の分類を通して，クラスター分析の手法とその特徴を理解する．最初に，商品データから商品の似ている度合いに関するデータをつくる方法を説明する．その後，似ている商品を順にまとめていく方法を説明する．説明では，実際に市販されている商品のデータを使う．まず Excel を使用して計算方法を理解し，続いて統計ソフトウェア R を使用して分類を行い，結果を図示するところまでを行う．

なお本章では，まえがきにある web ページからダウンロードできる chap4.zip にあるファイルを用いる．

4.1 クラスター分析とは

a. クラスター分析の目的

図書館では，分類番号に従って同じ主題をもつ書物が近い書架に配架されている．スーパーマーケットでは，よく似た商品を近い場所に陳列することで，消費者が商品を探しやすくしている．このように，商品を分類するといろいろと役に立つことが多い．

グループ分けは，何か基準を定めてそれに沿うように対象物を振り分けていくが，データが複雑でどうやって分類すれば良いかわからないこともある．そのようなときに，本章で紹介するクラスター分析が役に立つ．**クラスター**とは，集団，あるいはグループという意味であり，**クラスター分析**は個々の似たものをまとめて，グループに分類する手法である．

クラスター分析では，人間が介在しないで，与えられたデータだけから分類を行うという特徴がある．分類例を指示しないで分類する方法は，教師なし分類法ともよばれ，クラスター分析も教師なし分類法の1つである．

b. 階層的クラスター分析

　クラスター分析は，大別すると二通りの手法がある．それは，階層的クラスター分析と非階層的クラスター分析である．**階層的クラスター分析**というのは，個々の対象を次々とまとめていって，大きなグループをつくっていく手法である．一方，あらかじめグループ数を指定するなど**非階層的クラスター分析**とよばれる手法がある．非階層的クラスター分析は手法が多岐にわたることや，また単にクラスター分析というと，階層的クラスター分析のことを指すことも多いことから，本稿では，階層的クラスター分析のみを扱うこととする．

4.2　クラスター分析の手順

　クラスター分析は，

(1) 距離行列を作成する，
(2) 最もよく似たクラスターをまとめて新しいクラスターをつくる．
(3) 距離行列をつくり直す．クラスターが 2 個以上残っていれば上記の (2) に戻る．
(4) 樹形図の描画を行う，

という手順を踏む．

a. 距離行列をつくる

　商品ごとにその特徴が記されたデータをよく見かける．たとえば，ビールに関するデータでは，アルコール度や糖質の量などが，パッケージに印刷されている．クラスター分析では，商品と商品との間の距離を分析の対象とする．これは，ある商品と別の商品とが，どれだけ似ているか，あるいは似ていないかを示すデータである．このデータのことを**距離行列**，または**非類似性行列**などとよぶ．そのために，実際の分析では，商品データから，商品間の距離行列をつくる手続きが必要となる．

　この計算手続きにおいては，ユークリッド距離とよばれるものがよく使用される．**ユークリッド距離**というのは，地図上の 2 点間の距離と同じものと考えて差し支えない．たとえば，東京と横浜との間の距離に比べると，東京と大阪との間の距離は大きいというような比較ができる．本書でも，商品データから距離行列を作成するときには，ユークリッド距離を使用する．

b. クラスターをつくる

　クラスター分析では，対象間の距離が短いとき，その 2 個の対象の関係が強いとみなされ同じグループに分類される．一方，対象間の距離が大きいときは，そ

の2個の対象はあまり似ていないとみなされ，なかなか同じグループに分類されることはない．

最初は，個々のモノはバラバラの状態であるが，この個々のモノも，1つのモノだけのクラスターと考える．クラスター分析では，距離が最も短い2個のクラスターを1つにまとめて新しいクラスターをつくる．クラスターを新しくつくる度に，全体のクラスターの数は1個少なくなる．

c. 距離行列をつくり直す

上記の新しくつくられたクラスターと他の残り全部のクラスターとの距離を計算し直す．ここで注意することは，集団と集団との距離の決め方は一通りではないことである．実際，クラスター間の距離を計算するときに，クラスター間の距離の決め方によって，種々の手法がある．複数のモノから構成されるクラスター間の距離を計算するとき，たとえば，**最近隣法**とよばれる手法では最も距離が小さくなるメンバーどうしの距離を選択する．一方，**最遠隣法**とよばれる手法では最も距離が大きいメンバー間の距離を選択する．ほかには，すべての組合せの平均値を計算する方法や，クラスターの重心を用いる方法などもある．

クラスター間の距離が求まったら，再び前述のb項目に戻り，最も短い距離を探して1つにまとめるというプロセスを繰り返す．最終的にすべてのモノが1つのクラスターとなるまで続ける．

d. 樹形図の描画

最後に，この結果を樹形図とよばれる図にプロットして完了となる．**樹形図**というのはトーナメント表のようなもので，クラスターの結合関係を示した線図である．

樹形図を見るとクラスターがつくられていった過程が一目でわかり，またどこで分割すると適切なグループ分けができるかを考察することができる．

4.3 Excelによる計算方法の説明

使用するデータとして，キリンビール株式会社のビール・発泡酒・新ジャンルの商品の中から5商品を取りあげる．成分として，「エネルギー」，「糖質」，「プリン体」の3項目を対象とする．このデータを表4.1に示す．表中の数値は100 mlあたりのものである．「エネルギー」の単位はkcal，「糖質」の単位はg，「プリン体」の単位はmgである．異なる単位の計測値が含まれているが，極端に大きな数値もないことから，本節では表中の数値をそのまま使用して計算する．データの標準化を行う方法については，練習問題で述べる．本節では「4章Excel.xls」を

表 4.1　ビール系飲料の成分

ラベル	商　品　名	エネルギー (kcal)	糖質 (g)	プリン体 (mg)
A	キリン ラガービール	42	3.2	6.9
B	キリン 一番絞り生ビール	41	2.7	8.8
C	キリン コクの時間〈贅沢麦〉	45	3.2	4.9
D	キリン 本格〈辛口麦〉	45	2.9	3.9
E	キリン 麦のごちそう	43	3	4.6

(注意) 本表のデータは，キリンビール株式会社のホームページ上に掲載された 2012 年 11 月 30 日現在の数値にもとづいて作成した．

用いる．

4.3.1　距離行列の作成

まず，商品 A と商品 B との距離を求める．「エネルギー」成分について A と B の差は $42 - 41 = 1$ であり，「糖質」では $3.2 - 2.7 = 0.5$，「プリン体」では $6.9 - 8.8 = -1.9$ となる．A と B との距離の 2 乗は，ユークリッド距離の場合，

$$(エネルギーの差)^2 + (糖質の差)^2 + (プリン体の差)^2 = 1^2 + 0.5^2 + (-1.9)^2$$
$$= 4.86$$

となる．「エネルギー」，「糖質」，「プリン体」以外の成分も使用する場合は，その成分の差の 2 乗を上式に加えていけば良い．これを計算し 2 乗を取り払うと距離が求まる．この例では，4.86 の平方根を計算して約 2.2 となる．行と列を商品として，この A と B との間の距離を記入すると表 4.2 ができる．対角線を境目として上右側も下左側も同じものであるので，数値の記入はどちらか一方だけでも良いのだが，ここでは見やすくするために，得られた値を 2 カ所に記入した．行列の対角線上の値は 0 とする．

表 4.2　距離行列の作成過程

ラベル	A	B	C	D	E
A	0	2.2			
B	2.2	0			
C			0		
D				0	
E					0

4.3 Excel による計算方法の説明

表 **4.3** 例題の距離行列

ラベル	A	B	C	D	E
A	0	2.2	3.6	4.25	2.51
B	2.2	0	5.6	6.32	4.66
C	3.6	5.6	0	1.04	2.03
D	4.25	6.32	1.04	0	2.12
E	2.51	4.66	2.03	2.12	0

以下同じように A と C, A と D, A と E というようにすべての組合せについて計算すると表 4.3 が得られる. なお, 数値は小数点第 3 位以下を切り捨てた. 表 4.3 は, **プロフィール距離行列**とよばれることもある.

ここまでを, Excel を使って計算してみよう. まず最初に図 4.1 のように商品間の距離を求める.

2 種類の商品の成分をコピーし, それぞれの成分の差を計算する. 差を求めたら, 差の二乗和を計算する. これは, 次の計算式をセル C7 に入力する.

差の 2 乗和の計算式 (セル C7 に右式を入力):　= SUMPRODUCT((C4:E4)^2)

ここで, C4:E4 とあるのは, 差を記入したセルに対応する. 距離は, セル E7 に次式を入力することで求まる. ただし, C7 に入っている差の二乗和の計算結果を使用する.

距離の計算式 (セル E7 に右式を入力):　= SQRT(C7)

この計算結果が, 商品 A と B との間の距離である. ここまでで, 表 4.2 ができあがる. 同様にして, すべての商品の組合せについてこの距離を計算すると, 表 4.3 の距離行列ができる. Excel の標準の書式では, 桁数の多い数値が表示されるが, 本書では小数点以下 2 桁までの数値を使用して説明する.

	A	B	C	D	E
1	ラベル	商品名(略称)	エネルギー	糖質	プリン体
2	A	ラガー	42	3.2	6.9
3	B	一番搾り	41	2.7	8.8
4	差		1	0.5	-1.9
5					
6			差の二乗和		距離
7			4.86		2.20454077

図 **4.1** 商品間の距離の計算例

4.3.2 クラスターをつくる

こうしてすべての商品間の距離が求まったらクラスターをまとめていく作業になる．表 4.4 は表 4.3 を再掲したものだが，この表の中で最も短い距離はどれであろうか．

表 **4.4**　距離行列：0 以外の最小値の検出

ラベル	A	B	C	D	E
A	0	2.2	3.6	4.25	2.51
B	2.2	0	5.6	6.32	4.66
C	3.6	5.6	0	1.04	2.03
D	4.25	6.32	1.04	0	2.12
E	2.51	4.66	2.03	2.12	0

データを眺めていると，影で示した C と D との距離 1.04 が最も小さいことがわかる．よって，まずこの 2 個の商品をまとめる．C 列と D 列をまとめてクラスター 1(C, D) と命名する (表 4.5)．

次にクラスター間の距離を再計算する．この距離の再計算は，クラスター間の距離の決め方により異なる．今回は最近隣法を使用することとするが，この場合は，新しいクラスターとの距離は，もとの C との距離と D との距離の小さい方を選択することになる．たとえば，クラスター 1 と A との距離は，小さい方を選択するので 3.6 となる．(もし，クラスター分析の手法で最遠法とよばれる手法を採用した場合は，距離の大きい方 4.25 を，A とクラスター 1 との新しい距離とすることになる．)

同様にして，クラスター 1(C, D) と B との距離は 5.6，クラスター 1(C, D) と

表 **4.5**　C と D とをまとめるプロセス

ラベル	A	B	1(C, D) C	1(C, D) D	E
A	0	2.2	3.6	4.25	2.51
B	2.2	0	5.6	6.32	4.66
C	3.6	5.6	0	1.04	2.03
D	4.25	6.32	1.04	0	2.12
E	2.51	4.66	2.03	2.12	0

4.3 Excelによる計算方法の説明

表 4.6 CとDをまとめた後の距離行列

ラベル	A	B	1(C, D)	E
A	0	2.2	3.6	2.51
B	2.2	0	5.6	4.66
1(C, D)	3.6	5.6	0	2.03
E	2.51	4.66	2.03	0

表 4.7 1(C, D)とEとをまとめるプロセス

ラベル	A	B	1(C, D)	2(C, D, E) E
A	0	2.2	3.6	2.51
B	2.2	0	5.6	4.66
1(C, D)	3.6	5.6	0	2.03
E	2.51	4.66	2.03	0

Eとの距離は2.03となる．このようにして，エクセルの表で，不要となる方の距離の数値を消していく．なお，AとBやAとEなどクラスター1(C, D)にかかわらないクラスター間の距離はそのままとする．新しくつくられたクラスター1(C, D)を1つのセルにまとめて整理すると，表4.6のような新しい距離行列が得られる．

このようにして，すべてのラベルが1つのクラスターになるまで，このプロセスを繰り返す．表4.6の距離行列の中で距離が最も短いものはクラスター1(C, D)とEとの距離2.03である．これらをまとめて，クラスター2(C, D, E)とする(表4.7)．

同様に距離を再計算してセルを整理すると表4.8のようになる．

次に最小となる距離は，AとBとの距離の2.2である．この両者をまとめてクラスター3(A, B)とする(表4.9)．

表 4.8 1(C, D)とEをまとめた後の距離行列

ラベル	A	B	2(C, D, E)
A	0	2.2	2.51
B	2.2	0	4.66
2(C, D, E)	2.51	4.66	0

表 4.9 AとBをまとめるプロセス

ラベル	3(A, B) A	B	2(C, D, E)
A	0	2.2	2.51
B	2.2	0	4.66
2(C, D, E)	2.51	4.66	0

同様にして距離を計算し直し，不要なセルを消すと表4.10のようになる．

最後にクラスター2(C, D, E)とクラスター3(A, B)をまとめるとすべてのクラスターが1つにまとめられるのでそれをクラスター4とする．ここまでのクラスターをつくったプロセスをまとめると表4.11となる．表4.11の数値にもとづいて樹形図という図を書くことができる．商品をX軸にとり，Y軸に距離をとってトーナメント表のように積み重ねていく．図4.2が樹形図である．Excelでは樹形図を描く機能が備わっていないので，後述するRを使って樹形図を描画して欲しい．樹形図までを描画することにより，クラスターの構成がわかりやすくなる．

表 **4.10** A と B をまとめた後の距離行列

ラベル	3(A, B)	2(C, D, E)
3(A, B)	0	2.51
2(C, D, E)	2.51	0

表 **4.11** クラスターの構成メンバーと結合距離

クラスター	メンバー		距離
1	C	D	1.04
2	1(C, D)	E	2.03
3	A	B	2.2
4	2(C, D, E)	3(A, B)	2.51

樹形図を使って商品のグループ分類ができる．図 4.2 の場合，結合距離が 2.3 付近のところで分割すると，2 個のグループに分類でき，1 つのグループは商品 A と B から構成され，もう 1 つのグループは商品 C と D と E から構成されることがわかる．ここで，前者はビールであり，後者は新ジャンルのビールと分類されていることからも，妥当な分類結果が得られたといえる．

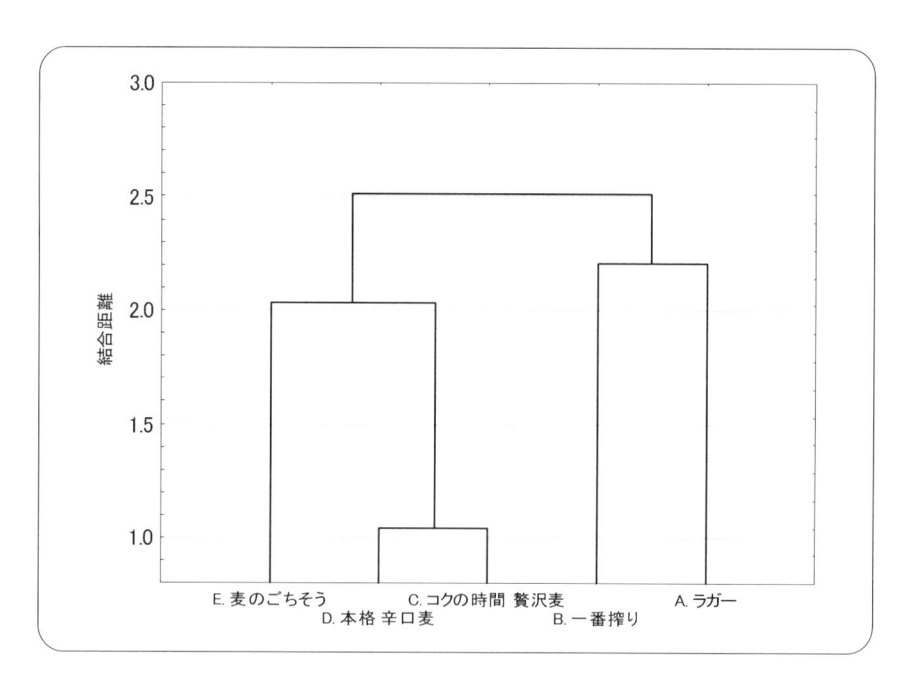

図 **4.2** 例題の樹形図

4.4 Rによるクラスター分析の実行

この節では統計ソフトウェア R を使用したクラスター分析を説明する．Excel では，1 ステップずつ面倒な作業を繰り返していたが，R を使用すると数行のプログラムを書くだけで，一瞬にして結果を得ることができる．しかも Excel で描くことのできなかった樹形図を簡単に作成することもできる．それは，R の中にクラスター分析を行ったり図形を描いたりするための計算手続きが，すでに備わっているからである．この計算手続きのことを R では**関数**とよぶ．R には距離行列を作成するための関数，クラスターをまとめていく関数，樹形図を描画するための関数が用意されているので，これらの関数を順によび出すスクリプトを作成することによって，手軽にクラスター分析を実施することができるのである．元データ Cluster.txt をフォルダ Rdata に保存しよう．

4.4.1　R スクリプト (プログラム)

R ではプログラムのことを**スクリプト**とよぶことが多い．R によるクラスター分析のスクリプトの主要な部分は，下記の 4 項目である．

(1) 計算の準備，
(2) 距離行列作成 (dist)，
(3) クラスター分析の実行 (hclust)，
(4) 樹形図の表示 (plot)．

R のスクリプトをスクリプト 4.1 に記す (ファイルは「スクリプト_4-1.txt」)．スクリプトの中で，#から始まる行はコメント文であるので，コマンド行だけ (2 行，6 行，10 行，14 行など) を入力して実行してもよい．

a. 準備 (1–4 行目)

データは Cluster.txt という名前のファイルに記載されていて，c ドライブの Rdata という名前のフォルダに置かれている．このデータファイルは，1 行目にヘッダー情報として成分名が記載されており，2 行目以降に商品名と成分データが記載されている．なお，項目間はタブにより区切られている．

スクリプト 4.1 の 2 行目は，データの取込みを行うコマンドである．データファイルの 1 行目に成分名が記入してあるので，header オプションを T とする．データファイルが正しく読み込まれたかどうかを確認するためにはコマンド入力行で，

```
> data
```

78   4 クラスター分析

スクリプト **4.1**　クラスター分析のスクリプト (プログラム)

```
 1: # -- 準備 --
 2:    data<-read.table("c:/Rdata/Cluster.text", header=T)
 3:       # 変数dataへのCluster.textファイルの読込み
 4:
 5: # -- 距離行列の作成 --
 6:    d<- dist(data,method="euclidean")
 7:       # ユークリッド距離の距離行列を計算し，変数dへ入れる
 8:
 9: # -- クラスタ分析--
10:    ans<- hclust(d,method="single")
11:       # 最近隣法によるクラスター分析を行い，結果をansへ入れる
12:
13: # -- 樹形図の表示 --
14:    plot(ans,hang=-1)
15:       # 樹形図を描画する
16:
17: # -- その他の結果の表示 --
18:    ans$merge
19:       # それぞれのクラスターのメンバーを表示する
20:
21:    ans$height
22:       # それぞれのクラスターの距離(高さ)を表示する
```

と入力すると，dataの中身が表示され，Cluster.txtと同じ内容であることが確認できる．

b. 距離行列の作成 (5–8行目)

　スクリプトの6行目は，距離行列を作成する関数distである．その結果を，dへ入れる．距離行列をつくる際に，どのような距離を使うかをmethod部分で指定する．ここでは，ユークリッド距離とするために，"euclidean"とする．作成された距離行列を表示するには，次のコマンドを入力する．

　　　　> d

その結果，図4.3が出力される．これは，表4.3の左下の三角部分だけを表示したものに相当する．

	A.ラガー	B.一番搾り	C.コクの時間	D.本格
B.一番搾り	2.204541			
C.コクの時間_贅沢麦	3.605551	5.608921		
D.本格_辛口麦	4.253234	6.328507	1.044031	
E.麦のごちそう	2.515949	4.661545	2.03224	2.12132

図 **4.3** 距離行列の計算結果 (d の表示)

c. クラスター分析の実行 (9–12 行目)

10 行目は，クラスター分析を行う関数 (hclust) である．分析結果を，ans に入れる．ここでは，最近隣法を使用するために，method として"single"を指定する．最近隣法以外の手法を使う場合は，single のかわりに，表 4.12 のパラメータを使用する．たとえばウォード法を使用するときは，

$$\text{ans <- hclust(d,method="ward")}$$

とする．詳しくは章末の練習問題を参照．

表 **4.12** クラスター分析手法の選択 (method のパラメータ)

手法	パラメータ	説明
最近隣法	single	最も近いメンバー間の距離を採用
最遠隣法	complete	最も遠いメンバー間の距離を採用
群平均法	average	すべての組合せの平均距離を採用
重心法	centroid	重心間の距離を採用
ウォード法	ward	クラスター内平方和の増加量を最小にする手法

d. 樹形図とその他の結果の表示 (13–22 行目)

スクリプトの 14 行目は，図を描画するコマンド plot である．ans には樹形図のデータが入っているので，このコマンドを実行すると図 4.4 に示す樹形図がプロットされる．ここで，hang=-1 というパラメータは，商品名の描画位置を同じライン上にそろえることを指定するものである．

なお，17–22 行目は，樹形図の数値データを出力するためのものである．18 行目のコマンドは，新しくつくられたクラスターの構成メンバー (ans$merge) を表示する．その結果は図 4.5 である．

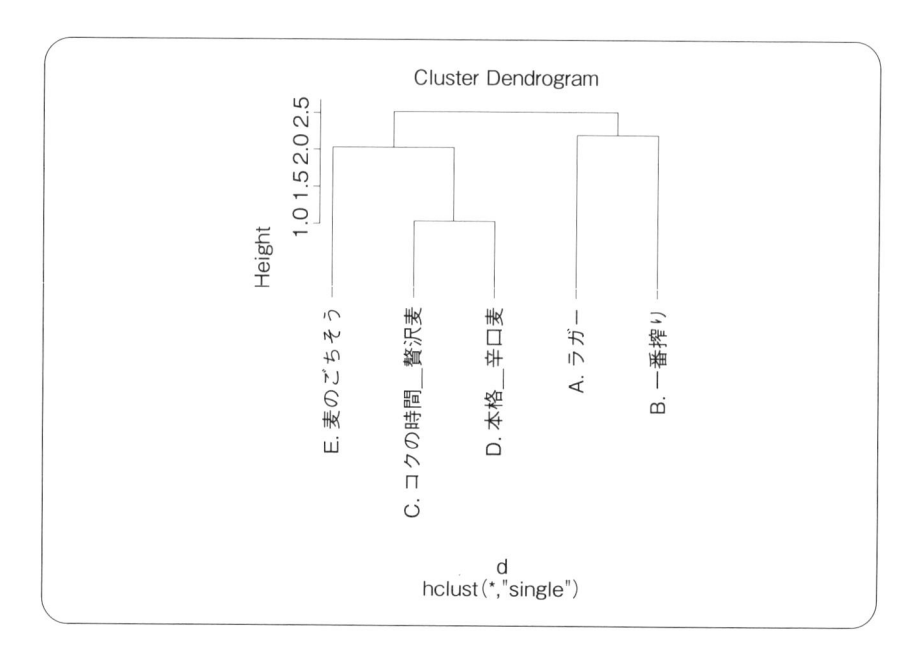

図 **4.4** 例題の樹形図 (R での出力図)

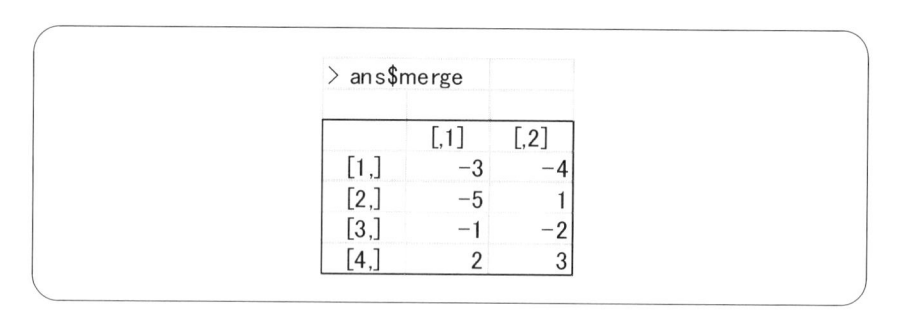

図 **4.5** クラスターの構成メンバー

図 4.5 で,左端コラムの [1,] は最初につくられるクラスター 1 を示している. その構成メンバーは [,1] と書かれている列と [,2] と書かれている列に表示されていて,-3 は 3 個目の商品 C を,-4 は 4 個目の商品 D のことを示している. つまり,商品 C と商品 D をまとめてクラスター 1 をつくることを表す.このように,マイナス記号のついた数値 (-1 から-5) は,それぞれ商品 A から商品 E を表

```
> ans$height
[1]   1.044031    2.03224    2.204541    2.515949
```

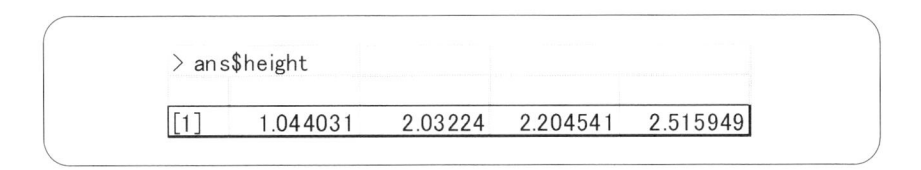

図 **4.6** クラスターの結合距離

しており，マイナス記号のついてない数値は新しく作成されたクラスター番号を表している．たとえば，クラスター 2 ([2,]) は，5 番目の商品 E とクラスター 1 とをまとめてつくられることがわかる．

クラスターつくるときの結合距離は，`ans$height` に格納されている．この結果を表示するには，スクリプトの 21 行を入力すればよい．その結果，図 4.6 が得られる．

ここで，最初の要素 (1.044031) はクラスター 1 の結合距離を示す．表 4.11 のように 1 つにまとめることができる．

このように，プログラム言語 R を使用すると，コマンドを数行入力するだけで，データの読込みから樹形図の描画まで行うことができる．また，データを修正して，商品数を増やしたり計測項目数を変えたりすることはよくあるが，その場合でも同じプログラムをそのまま使用して新しいデータを分析し，即座に新しい結果を得ることができる．

練 習 問 題

表 4.13 のデータは，アサヒビール株式会社とキリンビール株式会社のビール系飲料 27 種類の成分一覧表である．成分として，例題で使用した「エネルギー」,「糖質」,「プリン体」の 3 種類に，「アルコール度」を加えて 4 種類の成分を検討項目とする．データは `Cluster_Excercise.txt` という名前のファイルで，c ドライブの `Rdata` という名前のフォルダに置かれているものとする．R を用いて下記の問に答えよ．なお，この練習問題ではデータの標準化を行う方法と樹形図の分割方法についても説明する．

4.1 データの標準化を行い，ウォード法によるクラスター分析を行うスクリプトを書いて，樹形図を描画せよ．

4.2 最近隣法によるクラスター分析を行うスクリプトを書いて，樹形図を描画せよ．

4.3 商品を 5 個のグループに分類し，それぞれのグループの特徴を説明せよ．

表 4.13 ビール系飲料の成分 (練習問題のデータ)

ラベル	商　品　名	エネルギー (kcal)	糖質 (g)	プリン体 (mg)	アルコール度 (%)
A1	アサヒスーパードライ	42	3	5.5	5
A2	アサヒ黒生	47	4	6.2	5
A3	アサヒ ザ・マスター	46	3.2	9.4	5.5
A4	アサヒプレミアム生ビール熟撰	45	3.2	6.8	5.5
A5	アサヒスタウト	74	6.5	13.5	8
A6	アサヒオリオンドラフト	42	3	8.7	5
A7	アサヒスタイルフリー	24	0	3.6	4
A8	アサヒ本生ドラフト	45	3.6	3.2	5.5
A9	アサヒ本生アクアブルー	35	1.5	2.4	5
A10	クリアアサヒ	45	3.2	4.4	5
A11	アサヒ一番麦	43	3	6.5	5
A12	アサヒストロングオフ	46	0.95	4.1	7
A13	アサヒブルーラベル	27	0	1.3	4
A14	アサヒオフ	26	0.27	0.33	4
K1	キリンラガービール	42	3.2	6.9	5
K2	キリン一番絞り生ビール	41	2.7	8.8	5
K3	キリンクラシックラガー	41	3.6	7.7	4.5
K4	一番絞りスタウト	44	3.7	7.6	5
K5	グランドキリン	53	4.4	8.1	5
K6	麒麟淡麗〈生〉	45	3.4	3.4	5.5
K7	淡麗グリーンラベル	29	0.9	2.6	4.5
K8	淡麗ダブル	37	1.5	0.017	5.5
K9	キリンのどごし〈生〉	43	3.1	1.7	5
K10	キリン コクの時間〈贅沢麦〉	45	3.2	4.9	5
K11	キリン 濃い味〈糖質 0〉	19	0	1.8	3
K12	キリン 本格〈辛口麦〉	45	2.9	3.9	5
K13	キリン 麦のごちそう	43	3	4.6	5

(注意) 本表のデータは，アサヒビール株式会社とキリンビール株式会社のホームページ上に掲載された 2012 年 11 月 30 日現在の数値にもとづいて作成した．アサヒビール株式会社の商品にはラベル A を付与し，キリンビール株式会社の商品にはラベル K を付与した．調査データに幅がある場合は，その中間値を採用した．

5 主成分分析

本章では主成分分析を用いて，消費構造のよく似た都市を見いだす方法を説明する．都市別に集計された家庭の麺類購入データを使用して，主成分にもとづいた都市分類を行い，主成分分析の手法とその特徴を理解する．説明では，実際の統計データを用いて Excel を使用して計算方法を理解し，その後，統計ソフトウェア R を使用して計算を行い，結果を図示するところまでを行う．

なお本章では，まえがきにある web ページからダウンロードできる chap5.zip にあるファイルを用いる．

5.1 主成分分析とは

a. 主成分分析の目的

主成分分析は，いろいろな項目で計測されているサンプルに対して，主成分とよばれる新しく合成した少数の尺度をつくって分析する手法である．主成分分析で分析するデータの一例を示すと表 5.1 のような形式のものである．

この例では，10 個の商品について 7 個の尺度 (X1–X7) で計測したデータを示している．これらの商品の特徴を観察するには，グラフ用紙などに商品をプロットすることが有効である．たとえば，横軸に尺度 X1，縦軸に尺度 X2 の計測値をプロットするなどである．しかし，尺度が 7 個の場合でさえ，すべての尺度の組合せをプロットすることは手間がかかる上に，すべてのグラフを観察するのもたいへんである．

次に考えられる方法は，7 個の尺度の中から重要な尺度を見つけてそれを軸にしてプロットすることである．たとえば，尺度 X7 が最も重要で，次に尺度 X3 が重要であることがわかったとすると，横軸に尺度 X7 を使い，縦軸に尺度 X3 を使って商品をプロットする．これは，1 つの良い方法であるが，残りの 5 個の尺度で計測された情報をまったく使っておらず，表 5.1 の計測データがもつ情報を有効に使って分析しているとはいえない．

表 **5.1** 主成分分析で分析するデータの例

サンプル	尺度						
	X1	X2	X3	X4	X5	X6	X7
商品 1	10	26	7	51	5	61	24
商品 2	13	20	21	53	5	48	38
商品 3	8	18	24	50	5	55	15
商品 4	9	32	15	55	5	52	26
商品 5	9	24	8	50	5	49	46
商品 6	5	16	30	52	5	59	17
商品 7	7	23	17	53	5	60	35
商品 8	17	16	11	51	5	47	26
商品 9	4	29	26	53	5	66	58
商品 10	11	15	13	52	5	50	32

計測に使用した尺度をそのまま使うだけでは限度がある．そこで，尺度 X1 から尺度 X7 までの7個の尺度すべて使って，最も多くの情報をもつような新しい尺度をつくることを考える．そしてこの尺度のことを第1主成分とよぶことにする．次に，第1主成分だけでは取り込めなかった残りの情報を最もよく表現できるような新しい尺度をつくり，これを第2主成分とよぶ．この第1主成分を横軸に，第2主成分を縦軸にして商品をプロットすると，2個の尺度しか使っていないにもかかわらず，多くの情報を含んだグラフができあがる．このように，計測したすべての尺度を合成して少数の有用な尺度をつくることが主成分分析の目的である．

b. 主成分分析の特徴

表 5.1 に使われている尺度の中には，商品を区別するのに役立っていないものがある．それは尺度 X5 である．この尺度で計測された値はどの商品に対しても同じ数値である．尺度 X5 の分散とよばれる統計量を計算すると 0 となる．

多くの情報をもつ尺度とはどのような尺度であろうか．主成分分析では分散が大きい尺度が多くの情報をもつと考える．分散というのは，計測値と平均値との差の平方和にもとづいて計算される．データがばらついているときに分散は大きくなり，狭い範囲にデータが固まっているようなときには分散は小さくなる．

主成分分析は，分散が最大となるような新しい尺度をつくる分析法である．主成分は，対象とするサンプルができるだけばらつくようにつくられるので，主成分分析を使うと少数の尺度だけを使ってデータを観察すればよく，サンプルの特

徴を見いだしやすくなる．

5.2 主成分分析の手順

主成分分析は，

(1) 分散共分散行列 (または相関行列) を作成する，
(2) 主成分を求める，
(3) 主成分空間でサンプルの描画を行う，

という手順を踏む．

a. 分散共分散行列 (または相関行列) の作成

分散共分散行列は，対角線上の数値が尺度の分散であり，それ以外の数値は尺度間の共分散となる行列である．この行列の要素 v は，3 章の回帰分析で使用した偏差平方和 S_{xx} と偏差積和 S_{xy} を用いて計算することができる．サンプル数を n とすると，尺度の分散と共分散は次式で表される．

$$v_{xx} = \frac{偏差平方和}{サンプル数 - 1} = \frac{S_{xx}}{n-1} \quad (分散)$$

$$v_{xy} = \frac{偏差積和}{サンプル数 - 1} = \frac{S_{xy}}{n-1} \quad (共分散)$$

これらの数値を要素とする行列が分散共分散行列 V である．なお，本書では，多くの統計学の書物に従い，n ではなく $(n-1)$ で除した行列を**分散共分散行列**とよぶ．

主成分分析では，分散共分散行列のかわりに**相関行列**を使用することもある．相関行列の要素 r は次式で表される．

$$r_{xy} = \frac{尺度\,x\,と尺度\,y\,の偏差積和}{\sqrt{(尺度\,x\,の偏差平方和)\cdot(尺度\,y\,の偏差平方和)}} = \frac{S_{xy}}{\sqrt{S_{xx}\cdot S_{yy}}}$$

相関行列の対角要素はすべて 1 であり，それ以外の要素は尺度間の相関係数である．

異なった単位系の尺度が含まれているときや特定の尺度の分散が極端に大きい場合などには，相関行列を使用することが有益であろう．

b. 主成分の計算

主成分は，新しく合成した尺度 z の分散を最大化することによって計算される．各サンプルの新しい尺度 z の値は，与えられた p 個の尺度による計測値 x を使って次式のように書ける．

$$z = a_1 x_1 + a_2 x_2 + \cdots + a_p x_p$$

ここで，合成尺度 z の分散を最大とするような a_1 から a_p の値は，前項で計算した分散共分散行列 (または相関行列) の固有値問題を解いて得られる固有ベクトルと一致することが知られている．

最大固有値 λ_1 に対応した固有ベクトルを第 1 主成分，2 番目に大きい固有値 λ_2 に対応した固有ベクトルを第 2 主成分というようにして，p 組の主成分が得られる．

固有値 λ_i は，第 i 主成分の分散となっているので，これを使って，寄与率とよばれる数値を計算できる．

$$第 i 主成分の寄与率 = \frac{固有値 \lambda_i}{すべての固有値の和}$$

主成分ともとのデータの各変数との相関係数を**主成分負荷量**とよぶ．主成分ごとにその負荷量をしらべることによって，その主成分と関係の強い尺度を見いだすことができる．また，主成分ともとのデータを使用して，各サンプルの主成分得点を計算できる．この数値にもとづくグラフ化を次節で行う．

c. 主成分空間でのサンプルの描画

主成分を求めたら主成分空間でのサンプルの布置を観察する．第 1 主成分を横軸に，第 2 主成分を縦軸にして，サンプルをプロットする．必要に応じて，第 3 主成分以降のプロットも行う．サンプルの布置を観察することにより，視覚的にサンプルの類似性を検討することができる．また，主成分を軸として主成分負荷量をプロットすることもよく行われる．このグラフにより，主成分とかかわりの強い尺度を視覚的に把握することができる．

5.3 Excel による計算方法の説明

例題として，総務省の家計調査に関する統計データを使用する．ただし，もとのデータは 51 都市について 34 項目の調査項目があり，例題として使用するには大きすぎると思われるため，12 都市について 4 項目の調査項目のみを取りあげて主成分分析を行うこととする．取りあげる調査項目は，「即席めん」，「カップめん」，「生うどん・そば」，「中華めん」の 4 種類である．このデータを表 5.2 に示す．表内の数値は，2 人以上の世帯が 1 年間に購入した各食品の平均金額 (円) を示している．表 5.2 のような形式のデータにおいて，縦方向の都市名を**個体**，サンプル，ケースなどとよぶことがある．また，横方向の食品の種類を**計測項目**，変数，スケールなどとよぶことがある．

本節では，Excel による分析方法を説明する．「5 章 `Excel.xls`」を用いる．

表 5.2　家計調査による麺類購入データ (金額)

ラベル	都市	即席めん	カップめん	生うどん・そば	中華めん
T1	青森市	1,881	5,144	3,178	5,941
T2	秋田市	1,740	4,469	3,476	5,598
T3	盛岡市	1,518	3,562	3,374	6,541
T4	仙台市	1,747	3,841	3,456	5,147
T5	静岡市	1,456	2,915	3,046	5,259
T6	京都市	1,793	2,671	4,333	4,387
T7	大阪市	1,565	2,867	4,691	4,116
T8	神戸市	1,466	2,399	4,414	4,332
T9	松山市	1,818	2,972	4,385	3,886
T10	高知市	2,212	3,185	4,220	3,373
T11	福岡市	1,735	2,625	2,714	3,931
T12	熊本市	1,977	2,844	2,607	3,534

(注意) 総務省が提供している家計調査に関する統計データ「家計調査：穀類」(平成 21–23 年平均) を使用した．本表のデータは，総務省のホームページ (http://www.stat.go.jp/data/kakei/5.htm) に掲載された 2012 年 11 月 30 日の数値にもとづいて作成した．

a.　分散共分散行列 (または相関行列) の作成

表 5.2 のデータから，分散共分散行列，または相関行列を作成する．どちらの行列を使用するかは，尺度として使用している計測項目による．計測項目がすべて同じ基準で計測されたものであれば分散共分散行列を使うことを考える．一方，身長と体重と成績などのように，計測項目として異なる種類のものが含まれてい

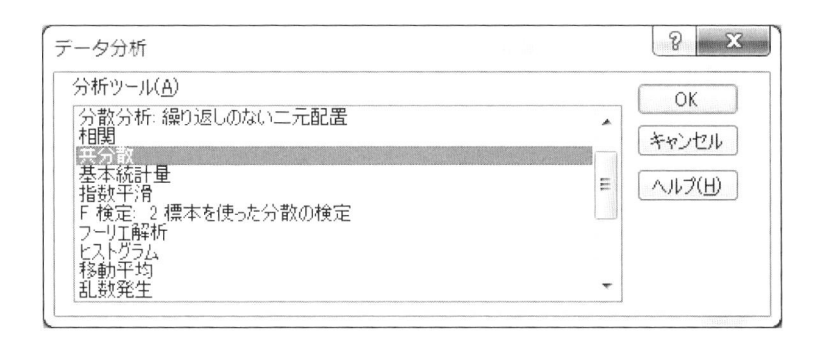

図 5.1　Excel のデータ分析メニュー

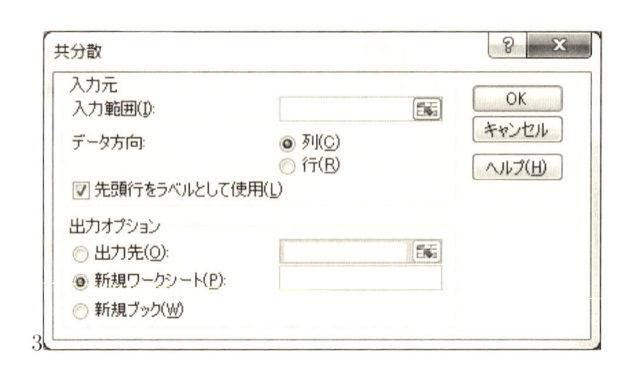

図 5.2   Excel の共分散メニュー

る場合は，尺度についてデータを標準化するほうが良いと考えられ，このような場合は相関行列を使用する．本書の例題の場合は，調査項目はすべて食品の麺類に関するものであり，計測単位も同一であるので，データの標準化を行う必要はない．したがって，分散共分散行列を使用する．

1 章で述べたように Excel のアドインモジュールとして「分析ツール」をインストールしておく必要がある．「データ」メニューの中から「データ分析」を選択すると図 5.1 のダイアログが表示されるので「共分散」を選択する．

図 5.2 のようにデータの範囲を指示するウインドウが現れるので，データの「即席めん」から数値部分の右下までをマウスをクリックしながらドローする．「先頭行をラベルとして使用」にチェックを入れて，OK ボタンをクリックすると，分散共分散行列が得られる (図 5.3)．

この分散共分散行列は下三角部分のみに数値が入っているので，対角線に対して対象に空白部分にも数値を入力する．その結果は，次の行列となる (図 5.4)．

Excel の分析ツールで計算される「共分散」は，データの変動をサンプル数 (こ

	即席めん	カップめん	生うどん・そば	中華めん
即席めん	45281.38889			
カップめん	34997.11111	621234.3056		
生うどん・そば	−8897.861111	−148801.3056	474490.6389	
中華めん	−97034.13889	507972.4306	−182777.1806	932203.7431

図 5.3   Excel による分散共分散行列 (下三角表示)

	即席めん	カップめん	生うどん・そば	中華めん
即席めん	45281.38889	34997.11111	−8897.861111	−97034.13889
カップめん	34997.11111	621234.3056	−148801.3056	507972.4306
生うどん・そば	−8897.861111	−148801.3056	474490.6389	−182777.1806
中華めん	−97034.13889	507972.4306	−182777.1806	932203.7431

図 5.4 Excel による分散共分散行列 (補正前)

こでは都市数の 12) で割った値である．統計の世界では，分散共分散行列を計算するときには，データの変動を「サンプル数 −1」(ここでは 11) で割った数値を使用し，これを**分散共分散行列**とよぶ．Excel で得られた数値をこの分散共分散行列に変換するためには，図 5.4 の行列の各要素に (12/11) を掛け合わせればよい．ここで 12 というのは例題の都市数であり，11 というのは都市数から 1 を引いた数値である．その結果，図 5.5 に示す分散共分散行列が得られる．見やすくするために，小数点以下は非表示とした．

b. 主成分の計算

主成分は，図 5.5 の分散共分散行列の固有値問題を解いて得られる固有ベクトルである．Excel には，固有値を計算する計算機能がないので，本書では，岡山大学の長畑秀和氏によって作成された Excel のマクロ関数プログラム eigen-vba.xls[*1] を

	即席めん	カップめん	生うどん・そば	中華めん
即席めん	49398	38179	−9707	−105855
カップめん	38179	677710	−162329	554152
生うどん・そば	−9707	−162329	517626	−199393
中華めん	−105855	554152	−199393	1016950

図 5.5 例題の分散共分散行列

[*1] 2014 年 3 月 10 日現在，東京大学名誉教授の松原望氏のホームページ「基礎統計ワークショップ」(http://www.qmss.jp/e-stat/eigen.htm) の「固有値と固有ベクトル計算」のリンク先から入手可能である．固有値計算プログラムについて詳しく知りたい読者は，次ページ脚注の書籍を参照していただきたい．

(1) 長畑秀和：多変量解析へのステップ (共立出版，2001)．
(2) 田中 豊，垂水共之 編：統計解析ハンドブック 多変量解析 (共立出版，1995)．

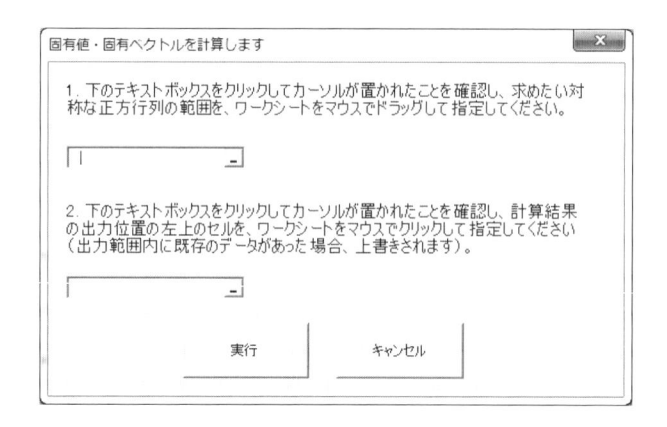

図 5.6 マクロプログラム eigen-vba.xls を実行したときに表示される画面．作成者である岡山大学 長畑秀和教授の許可を得て掲載．

使用する．プログラムを最初に開くときに，「マクロを無効にしました」というメッセージが出るので，近くに表示されているオプションボタンをクリックして，「このコンテンツを有効にします」をチェックしておく (Excel2007 の場合)．

まず Excel ファイル eigen-vba.xls を開いて，図 5.5 の分散共分散行列を適当な場所にコピーする．Excel の表示メニューから，「マクロ」をクリックして「マクロの表示」を行う．「固有値」というマクロ名があるので，「実行」をクリックする．

図 5.6 のように行列の入力を求められるので，範囲を指定する．もう一カ所の入力は結果を表示したいセルをクリックして指定する．実行ボタンをクリックす

固有値				
	11786.77683	299694.0332	453492.1423	1496710.767
固有ベクトル				
	0.938046798	0.333384767	−0.08556702	−0.04001359
	−0.24629862	0.778128301	0.063046052	0.57435053
	0.034091449	0.119922138	0.959357658	−0.25315872
	0.241335799	−0.5186421	0.261412249	0.777451634

図 5.7 Excel プログラム eigen-vba.xls により計算された固有値

固有値	PC1	PC2	PC3	PC4
	1496711	453492	299694	11787

固有ベクトル	PC1	PC2	PC3	PC4
即席めん	-0.040	-0.086	0.333	0.938
カップめん	0.574	0.063	0.778	-0.246
生うどん.そば	-0.253	0.959	0.120	0.034
中華めん	0.777	0.261	-0.519	0.241

図 **5.8** 例題の主成分 (固有値と固有ベクトル)

ると図 5.7 が得られる．

この結果を用いて，固有値が大きい順に左から並べ替え，固有ベクトルに PC1 (第 1 主成分の意味) などのラベルをつける．小数点以下 3 位までの表示にすると図 5.8 が得られる．

ここで最大固有値についての固有ベクトル PC1 が第 1 主成分である．主成分は，各尺度と掛け合わせる係数の集まりである．

主成分空間での都市の布置をしらべるには，都市の主成分得点をプロットする．各都市の第 1 主成分得点 z_1 と第 2 主成分得点 z_2 は，主成分を用いて次式で計算する．

変数	(青森市) 計測値	平均値	D 計測値-平均	PC1 第1主成分	D x PC1 積
即席めん	1,881	1742.3	138.7	-0.0400	-5.5
カップめん	5,144	3291.2	1852.8	0.5744	1064.2
生うどん.そば	3,178	3657.8	-479.8	-0.2532	121.5
中華めん	5,941	4670.4	1270.6	0.7775	987.8
				主成分得点	2168

図 **5.9** 主成分得点の計算例 (青森市の第 1 主成分得点)

都市	第1主成分	第2主成分	第3主成分	第4主成分
青森市	2168	-23	771	-36
秋田市	1444	143	413	-75
盛岡市	1691	253	-868	165
仙台市	737	-35	158	-23
静岡市	408	-432	-767	-55
京都市	-750	530	-238	155
大阪市	-929	835	22	-160
神戸市	-956	604	-520	-95
松山市	-980	466	271	-15
高知市	-1231	153	814	173
福岡市	-718	-1140	-251	-53
熊本市	-884	-1353	194	20

図 5.10　各都市の主成分得点

$$z_1 = -0.040 \times (即席めん) + 0.574 \times (カップめん)$$
$$- 0.253 \times (生うどん) + 0.777 \times (中華めん)$$
$$z_2 = -0.086 \times (即席めん) + 0.063 \times (カップめん)$$
$$+ 0.959 \times (生うどん) + 0.261 \times (中華めん)$$

ここで，(即席めん) と書いた部分には，表 5.2 の各都市の「即席めん」の計測値からその平均値を引いた数値を代入する．たとえば，青森市の場合は，(即席めん) として $1,881 - 1742.3$ を使う．他の項目も，それぞれの平均値を引いた計測値を入れる．なお，相関行列を使用した場合は，この値をさらに変数の標準偏差 (分散の平方根) で除した数値を使用する．

この計算を Excel で行う場合の計算例を図 5.9 に示す．表内の計測値と書かれた列に各都市の計測値を入れると第 1 主成分得点 (z_1) の計算結果が得られる．第 2 主成分得点 (z_2) を計算する場合は，図 5.9 の PC1 と書かれた列に図 5.8 の第 2 主成分 PC2 の数値を入れて計算する．この計算をすべての都市について行うと図 5.10 が得られる[*2]．

このようにして求めた主成分得点を，Excel のグラフで表示するには，グラフメニューの「散布図」を使う．その結果を図 5.11 に示す．ここで，都市名については手書きで記入した．この図の解釈は，次節の R による分析で行うこととする．

[*2] z_1 の式を使うと，図 5.9 の主成分得点の計算を 1 つのセル内で計算することができる．

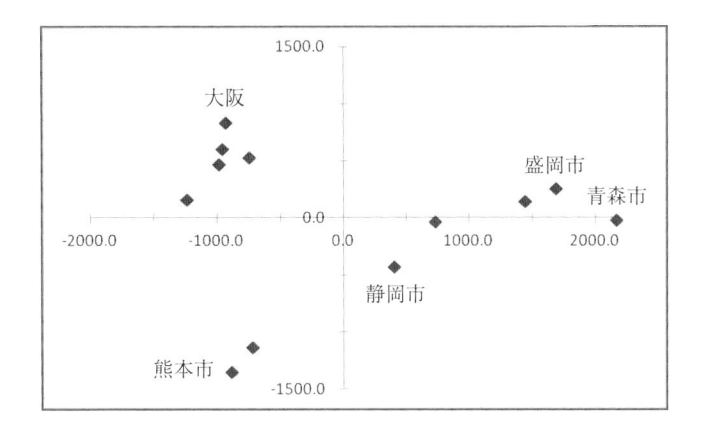

図 **5.11** Excel による都市の散布図 (第 1 主成分と第 2 主成分)

次に，主成分の寄与率をしらべる．図 5.8 の固有値を使うと，第 1 主成分の寄与率は次式で計算され，約 66% であることがわかる．

$$第1成分の寄与率 = \frac{1,496,711}{1,496,711 + 453,492 + 299,694 + 11,787} = 0.6617$$

同様にして，第 2 主成分の寄与率は 0.2005，第 3 主成分では 0.1325，第 4 主成分では 0.00521 となる．この例題の場合，第 2 主成分までの累積寄与率は約 86.2% (0.6617 + 0.2005) となり，十分大きな数値なので，第 2 主成分までを分析すれば十分であろう．一般的には，第 1 主成分の寄与率から順に寄与率を加えた累積寄与率が，70% を超えるくらいまでの主成分を検討することが 1 つの目安となる．

主成分がどの変数と関係が強いかを知るには，主成分の係数の大きさをしらべると大体の検討がつく (図 5.8)．たとえば，第 1 主成分は「中華めん」についての数値が最も大きいので，「中華めん」と強い関係があることがわかる．この検討を詳細に進めるためには，主成分負荷量とよばれる数値を検討するとよい．主成分負荷量は，主成分と各変数の計測データとの相関を計算したものである．ここでは Excel の「データ分析」の中にある相関を使用する．表 5.2 の計測データと図 5.10 の主成分得点を使用した計算例を図 5.12 に示す[*3]．その結果，第 1 主成分と「中華めん」との主成分負荷量は 0.943 となり，きわめて強い相関があることが確かめられた．すべての主成分負荷量の計算とその解釈は，次節の R による分析で行うこととする．

[*3] 主成分負荷量は，固有値と分散と主成分を用いて計算することもできる．この例の場合，(第 1 固有値/「中華めん」の分散) の 2 乗根を第 1 主成分に乗ずることにより，0.943 が得られる．

94   5 主成分分析

都市	中華めん	第1主成分
青森市	5941	2168
秋田市	5598	1444
盛岡市	6541	1691
仙台市	5147	737
静岡市	5259	408
京都市	4387	-750
大阪市	4116	-929
神戸市	4332	-956
松山市	3886	-980
高知市	3373	-1231
福岡市	3931	-718
熊本市	3534	-884

「中華めん」と第1主成分の相関係数

	中華めん	第1主成分
中華めん	1	
第1主成分	0.9431757	1

図 5.12　主成分負荷量の計算例 (「中華めん」と第 1 主成分)

5.4　R による主成分分析の実行

　この節では統計ソフトウェア R を使用した主成分分析を説明する．R には主成分分析を実施するための関数や主成分空間を描画するための関数が用意されているので，短いスクリプトを書くだけで簡単に主成分分析を実施できる．Excel では主成分分析の計算手続きを理解するのに役立ったが，実際の計算はとても煩雑なものであった．それに対して R を使った主成分分析では，詳細な計算機手続きは R に備わっている関数にまかせて，データがうまく流れていくようにコマンドを組み合わせて行けば簡単に分析結果を得られる．また，いったんスクリプトを書いてしまえば，別のデータを使ってもスクリプトを書き換える必要はなく，何度でも使えるという利点もある．

　PCA.txt というデータを c ドライブの Rdata フォルダに保存しよう．このデータに対し主成分分析を通し，説明を行う．

5.4.1　R スクリプト (プログラム)

　主成分分析のスクリプトは，主として主成分分析を計算する関数と結果を表示する関数から構成されており，実際の計算手順は，

(1) 計算の準備，

(2) 主成分分析の実行 (prcomp),
(3) 結果の表示,
(4) 主成分空間での個体と変量の表示 (biplot),

となる．分散共分散行列 (または相関行列) を作成する手順が見当たらないが，これは手順 (2) の中に，分散共分散行列 (または相関行列) の計算が含まれているためである．

R のスクリプトをスクリプト 5.1 に示す (ファイルは R スクリプト_5-1.txt)．スクリプトの中で，#から始まる行はコメント文である．コメント文は入力してもしなくてもどちらでもよい．次にスクリプトを詳しく説明しよう．

スクリプト **5.1**　主成分分析のスクリプト (プログラム)

```
 1: # --準備--
 2:    data<-read.table("c:/Rdata/PCA.txt", header=T)
 3:       # データファイ PCA.txt を読み込み，変数 data へ入れる
 4:
 5: # --主成分分析--
 6:    result <- prcomp(data, scale=FALSE)
 7:       # 共分散行列を用いて主成分分析を行い，結果を result へ入れる
 8:
 9: # --結果の表示--
10:    result
11:       # 主成分を表示する
12:
13:    summary(result)
14:       # 主成分の寄与率と累積寄与率を表示する
15:
16:    result$x
17:       # 主成分得点を表示する
18:
19:    cor(result$x, data)
20:       # 主成分負荷量を計算して，その結果を表示する
21:
22: # --図の表示--
23:    biplot(result, choices=c(1,2))
24:       # ケースと変数の布置を同時に描画する
```

a. 準備 (1–4 行目)

データは PCA.txt という名前のファイルで，c ドライブの Rdata という名前のフォルダに置かれている．このデータファイルは，ヘッダー情報として1行目に食品名が記載されており，2行目以降に都市名と購入金額データが記載されている．データの数値間はタブにより区切られている．

スクリプトの2行目は，データの取込みを行うコマンドである．データの1行目に成分名を記入してあるので，header オプションを T としている．データファイルが正しく読み込まれたかどうかを確認するためには，コマンド入力行で

> data

と入力すると，変数 data の中身が表示される．

b. 主成分分析の実行 (5–8 行目)

スクリプトの6行目は，主成分分析を実施する関数 prcomp である．分析結果を変数 result に入れる．ここでは，分散共分散行列を使用するため，scale に "FALSE" を指定する．この例題では分散共分散行列を使用しているが，相関行列を使用する場合は，6行目の scale のパラメータを TRUE とする．具体的には，

result <- prcomp(data, scale=TRUE)

とする．

c. 結果の表示 (9–21 行目)

スクリプトの10行目は，変数 result の中身を表示するコマンドである．変数 result の中には主成分が格納されているので，主成分の表示となる．その結果，

```
> result
Standard deviations:
[1]            1223.4013       673.4183        547.4432        108.5669

Rotation:
              PC1             PC2             PC3             PC4
即席めん      -0.04001359     -0.08556702     -0.3333848       0.9380468
カップめん     0.57435053      0.06304605     -0.7781283      -0.24629862
生うどん.そば -0.25315872      0.95935766     -0.1199221       0.03409145
中華めん       0.77745163      0.26141225      0.5186421       0.2413358
```

図 5.13　R による主成分の表示

```
> summary(result)
Importance of components:
                          PC1       PC2       PC3       PC4
Standard deviation     1223.401   673.418   547.443   1.09E+02
Proportion of Variance    0.662     0.201     0.133   5.21E-03
Cumulative Proportion     0.662     0.862     0.995   1.00E+00
```

図 **5.14**　主成分の寄与率と累積寄与率

図 5.13 が表示される．ここで，Standard deviations というのは固有値の平方根を示しており，その値を 2 乗することによって固有値となる．PC1 が第 1 主成分，PC2 が第 2 主成分を示している．この例題では，変数の数が 4 個なので，主成分の数も最大 4 個となる．

スクリプトの 13 行目は，主成分の寄与率と累積寄与率を表示するコマンドである．その結果，図 5.14 が表示される．ここで，下から 2 行目 Proportion of Variance が各主成分の寄与率を示しており，第 1 主成分の寄与率は 66.2%，第 2 主成分以下はそれぞれ 20.1, 13.3, 0.521% であることがわかる．図 5.14 の 1 番下の行 Cumulative Proportion が累積寄与率を示しており，第 2 主成分までで全体の

```
> result$x
              PC1       PC2       PC3       PC4
青森市      2167.9     -23.2    -771.5     -36.0
秋田市      1443.8     142.5    -412.8     -74.6
盛岡市      1690.7     253.0     868.2     164.6
仙台市       737.2     -34.8    -158.0     -22.9
静岡市       407.9    -432.3     766.8     -54.8
京都市      -749.5     530.2     237.7     154.9
大阪市      -929.1     834.7     -22.3    -160.5
神戸市      -955.9     604.4     520.1     -95.4
松山市      -980.3     466.0    -270.9     -14.9
高知市     -1230.8     153.3    -814.3     172.8
福岡市      -718.2   -1140.1     250.5     -53.4
熊本市      -883.7   -1353.5    -193.7      20.2
```

図 **5.15**　主成分得点

```
> cor(result$x, data)
         即席めん    カップめん   生うどん.そば   中華めん
PC1      -0.220       0.854       -0.430        0.943
PC2      -0.259       0.052        0.898        0.175
PC3      -0.821      -0.517       -0.091        0.282
PC4       0.458      -0.032        0.005        0.026
```

図 **5.16** 主成分負荷量

86.2% を説明できることがわかる．このデータの場合，第 2 主成分までを取りあげれば十分であろう．

スクリプトの 16 行目は，各都市の主成分得点を表示するコマンドである．その結果，図 5.15 が出力される．ここで，第 1 主成分 (PC1) を横軸に，第 2 主成分 (PC2) を縦軸にして各都市をプロットすると，主成分空間での検討を行うことができる．本書では，この描画にもとづく検討は次節で行う．なお，第 3 主成分の数値の符号が，Excel で計算したときとは逆になっているが，これは固有値計算のアルゴリズムの違いよるものであって，符号が逆であっても正しい結果である．

スクリプトの 19 行目は，変数の主成分負荷量を計算して，表示するコマンドである．その結果，図 5.16 が出力される．主成分負荷量は，主成分と計測値の変数との相関係数を示している．主成分負荷量は，-1 から 1 までの間の数値であり，1 または -1 に近いほど主成分と変数との関係が強く，0 に近いほど両者の関係が小さくなる．この例題の場合，第 1 主成分では「中華めん」との相関 (0.943) が最も大きく，次に「カップめん」との相関 (0.854) が大きいことがわかる．第 2 主成分では「生うどん・そば」との相関 (0.898) が最も強いことが，第 3 主成分では「即席めん」との相関 (-0.821) が最も強いことがわかる．

d. 個体と変量の表示 (22–24 行目)

スクリプトの 23 行目は，主成分空間で個体と変量を同時に描画するコマンドである．choices=c(1,2) というのは，X 軸に第 1 主成分を，Y 軸に第 2 主成分を使用することを指示している．この結果，図 5.17 が描画される[*4]．このバイプロットとよばれる図を見ると，盛岡市や秋田市などの東北地方では中華めんやカップめんの購入金額が多いことがわかる．また，大阪市や京都市など近畿地方の大

[*4] biplot で表示される座標の数値は，主成分得点と主成分に対して，(固有値 × サンプル数) の 2 乗根を用いて調整したものとなっている．主成分得点と主成分負荷量そのものの数値ではないことに注意する．

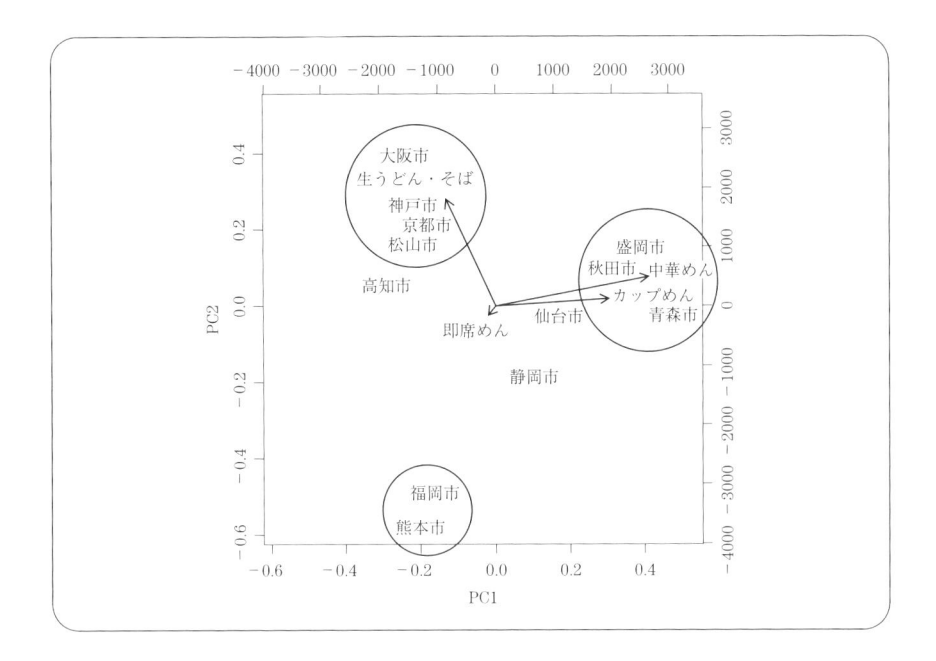

図 **5.17** 都市と変数の布置 (R による出力図). ただし, 円は手作業で付け加えたものである.

都市では「うどん・そば」の購入金額が多い. 一方, 福岡市や熊本市は, これらの購入金額がいずれも低いことが読み取れる.

練 習 問 題

表 5.3 のデータは, 日本マクドナルド株式会社と株式会社モスフードサービスのウェブサイトから収集したハンバーガーの栄養成分表である. ここでは 24 個の商品を取りあげ, 8 項目の成分を対象とする. データは PCA_Excercise.txt という名前のファイルで, c ドライブの Rdata という名前のフォルダに置かれているものとする. R を用いて下記の問に答えよ.

5.1 相関行列を使用して主成分分析を行え.
5.2 主成分の寄与率を示せ.
5.3 主成分負荷量を使用して, 主成分と栄養成分との関係を検討せよ.
5.4 第 1 主成分と第 2 主成分を用いて, 商品と栄養成分の布置を描画せよ.

表 5.3 練習で使用するハンバーガーの栄養成分表

ラベル	商品名	エネルギー(kcal)	たんぱく質(g)	脂質(g)	炭水化物(g)	A(μg)	B₁(mg)	B₂(mg)	ナイアシン(mg)
M1	レタス&ペッパーバーガー	353	12.4	20.1	30.7	26	0.11	0.1	2.4
M2	ビッグチキン	538	24.4	26.1	51.4	79	0.53	0.24	5.7
M3	ビッグマック	556	25.5	30.2	45.5	97	0.19	0.25	4.6
M4	クォーターパウンダー・チーズ	556	30	31.2	38.6	147	0.15	0.33	5
M5	ジューシーチキンフィレオ	454	18.4	21.9	45.9	32	0.5	0.19	4.9
M6	てりやきマックバーガー	509	14.5	32.3	40	20	0.28	0.15	4.5
M7	えびフィレオ	388	12.1	15.8	49.4	9	0.11	0.07	1
M8	フィレオフィッシュ	356	13.7	14.5	42.4	28	0.13	0.11	1.6
M9	ベーコンレタスバーガー	419	16.9	24.1	33.7	74	0.13	0.19	2.8
M10	チキンクリスプ	385	12.4	19.8	39.4	19	0.16	0.1	5.3
M11	チーズバーガー	323	15.2	14.3	33.4	71	0.11	0.17	2.5
M12	ハンバーガー	275	12.3	10.6	32.4	23	0.11	0.1	2.5
S1	モスバーガー	378	14.8	19.4	35.8	30	0.3	0.12	3.4
S2	モスチーズバーガー	429	17.9	23.5	36.1	64	0.3	0.18	3.4
S3	テリヤキバーガー	423	14.2	23.3	38.9	17	0.25	0.13	2.9
S4	テリヤキチキンバーガー	342	18.2	14.6	34.2	16	0.16	0.13	3.5
S5	ロースカツバーガー	369	15.5	13.6	46.4	9	0.64	0.1	4.1
S6	海老カツバーガー	392	12.9	18.9	42.8	5	0.16	0.08	0.7
S7	フィッシュバーガー	445	16.3	26.1	35.6	42	0.11	0.1	1.4
S8	ハンバーガー	276	12.3	11.2	31.1	18	0.15	0.07	2.4
S9	チーズバーガー	327	15.4	15.3	31.4	52	0.15	0.13	2.4
S10	モスライスバーガー カルビ焼肉	338	9.4	13	46	35	0.05	0.04	0.7
S11	モスライスバーガー きんぴら	243	4.6	2.7	50.2	68	0.02	0.02	0.4
S12	モスライスバーガー 海鮮かきあげ	351	8.3	11.6	53.4	56	0.09	0.04	0.3

(注意) 本表のデータは，日本マクドナルド株式会社と株式会社モスフードサービスのホームページ上に掲載された 2012 年 10 月 5 日の数値にもとづいて作成した．日本マクドナルド株式会社の商品にはラベル M を付与し，株式会社モスフードサービスの商品にはラベル S を付与した．

6 因子分析

　本章では，因子分析を利用して，大都市における食料支出の構造について分析する．ここでいう大都市とは人口70万人程度以上の政令指定都市で，札幌，仙台，東京都区部から福岡市までの19都市である．これらの都市の家計調査で得られた食料12項目への支出金額のデータから，各都市に共通する食料支出がどのような要因によって決まるのか，また食料支出からみた各都市の特徴を明らかにする．

　なお本章では，まえがきにあるwebページからダウンロードできる chap6.zip にあるファイルを用いる．

6.1 因子分析とは

　因子分析は心理学の分野で発展してきた．人間の心理，性格といった心に内在する問題は，外部から直接観察することができない．

　ある行動をとった人の心の内面を知る手だてはないものだろうか．心の内面を知るために，外部から人の行動を観察したりアンケートをとることで，その人の意識調査をできないだろうか．また複数の都市で得られた家計調査のデータから，消費支出を規定する要因を明らかにし消費支出からみた都市ごとの特徴を分類することで，新たなビジネス展開に利用できないものだろうか．**因子分析**は，こういった問題に対処可能な方法論である．

　目的は，前章の主成分分析とほぼ同じである．主成分分析ではモデルを仮定せずに全主成分(因子)について誤差を分離せずに求めるのに対し，因子分析ではあらかじめモデルを仮定(因子数を決める)し，誤差を分離して計算する．もともとの発想は異なるものの，計算方法は主成分分析と同じく固有値分解である．

6.1.1 因子分析の目的

因子分析の目的は，観測データ $x_1, x_2, \cdots, x_p$ から，それぞれの現象・行動 (結果) に影響する因子を抽出して結果に与えている影響力を把握したり，逆に因子の影響力 (因子負荷量) の大きさから，その因子のもつ意味を解釈することである．また各結果 (個体) に与えている因子の大きさ・関連の強さを示す因子得点を求めることにより，人や都市の分類，特徴づけを行うことである．たとえば図 6.1 のように，あるクラスの生徒の国語，英語，数学のテストの点数 (与えられたデータ) から，文系科目が得意か (文系能)，理数系が得意か (理系能) かを表す因子を抽出し，解釈し，個々の学生が文系科目が得意か理系科目が得意かを見いだすことができる．

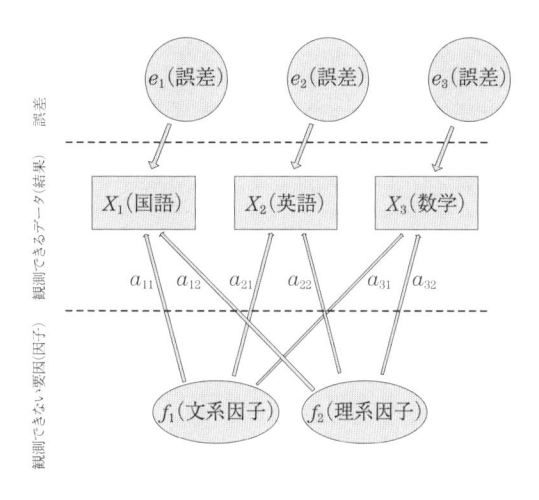

図 **6.1** テストの点数と文系因子・理系因子

6.1.2 因子分析の考え方

因子分析では表面的には多様に見える現象 (結果, データ) も，それを生起する内部は比較的単純な要因 (因子) から成り立っており，しかも構造化できると考える．国語，英語，数学のテストの点数から「文系能」か「理系能」かを見いだす例を用いると，次のようになる．

生徒の国語，英語，数学の点数 (結果, データ) は，比較的単純な因子 (数) を用いて，

$$\text{(国語の点数)} = \text{(係数)} \times \text{(文系能因子)} + \text{(係数)} \times \text{(理系能因子)} + \text{(誤差)}$$

などと「文系能因子」と「理系能因子」および「誤差」という数から成り立っており (そのような数を見つける)，しかもクラスの生徒の国語，英語，数学の点数の上式のような分解における因子を見比べることで，「文系能」か「理系能」かを構造化できる，と考えるのである．

a. 因子の数と因子モデル

「文系能」と「理系能」の例では，本質的な因子の数は2つであった．より単純に考えられる因子が1個ならば，その因子モデルは次式で示される．

$$\text{(結果)} = \text{(係数)} \times \text{(因子)} + \text{(誤差)}$$

因子分析では，ある結果は少数個の本質的な要因 (**共通因子**という) に若干の誤差 (**特殊因子**) が加わって生起していると考える．

また，前述の「文系能」，「理系能」のように，考えられる因子が2個ならば，2個の因子の影響力と誤差の和で示される．

$$\text{(結果)} = \text{(係数1)} \times \text{(因子1)} + \text{(係数2)} \times \text{(因子2)} + \text{(誤差)}$$

b. 一般的な因子モデル

観測できる結果は，生徒の国語や数学の試験の得点であったり，何種類もの商品の売り上げや，都道府県別高校生の身長であったり，血圧や血糖値などの医学検査データであったりする．係数はそれぞれの国語や数学といった異なる科目に対する共通因子 f の「重み」を示すことから (共通) **因子負荷量**とよばれ，科目と因子の相関係数に一致する．また誤差は，すべての結果に「共通」した因子ではなく科目や受験生に特有な因子という意味で，**特殊因子** e とよばれる．

ある受験者の科目 i $(i = 1, 2, \cdots, p)$ の得点 x_i は文系因子 f_1 と理系因子 f_2 に特殊因子 e_i が加わって決まると考えると，因子モデルは次式のように一般化される．

$$x_1 = a_{11} f_1 + a_{12} f_2 + e_1$$
$$x_2 = a_{21} f_1 + a_{22} f_2 + e_2$$
$$\vdots$$
$$x_p = a_{p1} f_1 + a_{p2} f_2 + e_p$$

ここで a_{ij} は**因子負荷量**とよばれ，a_{11}, a_{12} は全科目に共通な因子 f_1, f_2 (共通因子) が科目 x_1 に与える影響力の大きさを示している．科目ごとに求めた因子負荷

量の 2 乗和は**共通性** (communality) とよばれ，その科目が因子によって説明された割合を示している．また因子 f_1, f_2 および e は互いに独立で，相関がないものと仮定する．各生徒に対して求めた因子 f_1, f_2 の値は**因子得点**とよばれる．因子分析に先立ち，因子数を決めなければならない．

6.2 因子分析の手順

因子分析は，

(1) 相関行列を求める，
(2) 因子数を決める，
(3) 因子負荷量を求める，
(4) 因子を解釈する，
(5) 因子得点を求める，
(6) 問題解決への適用，

という手順を踏む．

6.2.1 因子数の決定方法

因子数の決定方法は，一般的には観測データから得られた相関行列を固有値分解し，固有値が 1.0 以上の個数に決めて因子分析を行う．そして，固有値 (因子寄与) の小さい因子の方から意味解釈を行い，解釈の困難な因子を除いて因子数を減らし，再度因子分析を行って最終的な因子数を決めることが多い．

6.2.2 固有値分解

因子分析は，観測データの相関行列 R を因子行列 A と対角要素に (1− 共通性 h_k) をもつ特殊因子行列 V に分解することである．主因子法や最尤法などで共通性 h_k を推定する．

$$R - V = AA'$$

こうして得られた固有値と固有ベクトルから求めた共通因子負荷量を行列表示したものを**因子行列** (factor matrix) とよぶ．最大固有値に対応する固有ベクトルから求めた値を**第 1 因子負荷量**とよんでいる．

6.2.3 バリマックス回転

因子の意味を解釈しようとするとき，その意味を見いだすのが困難な場合がある．各科目に対応する因子負荷量が「似たり寄ったり」な場合である．このようなときには各因子負荷量の大きさにメリハリをつけることで，その因子の意味を解釈しやすくする．メリハリを付けるということは，因子負荷量の分散を最大化 (variance maximize) するように他因子との直交性を保ちながら因子軸を回転させることに等しいので，この方法を**バリマックス回転**という．

6.2.4 因子得点の求め方

因子得点は，各個体 (生徒) と因子の結びつきの強さを示し，因子得点の高い個体はその因子の影響を強く受けている．因子得点係数行列 W は，相関行列の逆行列 R^{-1} と因子行列 A の積で示される．

$$W = R^{-1}A$$

因子得点 F は，各個体 (生徒) に対して観測された科目別得点 X から，科目ごとに平均値 0，分散 1 になるように標準化した行列 Z を求め，それと因子得点係数行列 W の積で求める．

$$F = ZW$$

6.3 R による因子分析の実行

図 6.2，表 6.1 は全国 19 指定都市の家計調査 (2010 年) による，食料 12 項目に対する支出結果である．この調査データを利用して，19 都市の食料消費支出を規定する因子と食料消費支出からみた各都市の特性を因子分析でとらえてみよう．

6.3.1 家計調査の結果

食料への支出からみた各都市の特徴を表 6.1 からとらえると，絶対金額では東京都区部の 79,862 円が最多で，福岡市の 61,906 円が最少である．その差は約 18,000 円に達する．こういった違いは，都市間の所得格差や物価水準，食料への支出内容の違いなどによるためと考えられる．

ここでは，支出金額の多寡で都市の特徴をとらえるのではなく，食料の支出構造の違いについて分析する．そのためには各都市の食料支出の項目の内訳について割合を求め，その割合データを利用して因子分析を行う．

表 6.1　全国 19 指定都市の食料支出（単位：円）

都市	計	穀類	魚介類	肉類	乳卵類	野菜海藻	果物	油脂調味料	菓子類	調理食品	飲料	酒類	外食
札幌市	64,743	6,399	6,574	5,610	3,031	8,268	2,586	3,094	4,975	6,461	4,066	3,875	9,804
仙台市	67,004	5,928	6,571	5,207	3,635	9,383	2,819	3,164	5,521	7,522	3,835	3,131	10,288
さいたま市	73,841	6,664	6,635	5,939	3,768	9,687	3,029	3,218	5,650	8,420	4,038	3,286	13,507
千葉市	74,676	6,425	7,160	6,173	3,804	10,050	3,332	3,343	5,648	8,280	4,656	3,348	12,457
東京区部	79,862	6,596	6,610	6,600	3,656	9,996	3,027	3,276	5,578	9,641	4,116	3,343	17,423
川崎市	78,214	7,475	6,506	6,730	3,730	10,284	2,782	3,458	5,827	8,857	4,394	3,010	15,161
横浜市	77,341	6,956	6,724	6,770	3,580	9,992	3,027	3,388	5,572	8,865	3,961	3,189	15,317
新潟市	69,756	7,047	6,575	5,248	3,439	9,928	2,865	3,421	5,304	8,813	3,637	3,632	9,847
静岡市	68,120	7,135	6,987	5,759	3,030	9,079	2,369	3,251	4,742	9,543	3,126	2,678	10,421
浜松市	67,033	6,926	6,350	5,239	3,244	8,326	2,292	3,114	5,346	9,486	3,794	2,537	10,379
名古屋市	73,733	7,011	6,746	6,894	3,423	9,022	2,913	3,290	5,379	8,208	3,817	2,920	14,110
京都市	75,115	7,149	6,766	7,916	3,482	9,617	2,521	3,432	5,178	9,030	3,657	3,609	12,758
大阪市	69,516	6,920	6,015	7,173	3,030	8,702	2,384	3,000	4,113	8,905	3,282	3,508	12,484
堺市	69,649	6,874	7,560	7,733	3,331	8,803	2,536	3,272	4,897	8,717	3,602	3,077	9,247
神戸市	70,666	7,328	6,299	7,187	3,770	9,006	2,858	3,229	5,125	8,090	3,134	3,115	11,525
岡山市	62,199	5,907	5,939	6,202	3,149	7,386	1,964	3,220	4,804	7,322	3,449	2,542	10,315
広島市	69,498	6,446	6,488	6,897	3,442	8,544	2,641	3,534	5,029	8,828	3,901	3,477	10,271
北九州市	66,739	6,353	6,631	7,029	3,024	8,227	2,593	3,032	4,621	7,755	3,402	3,155	10,917
福岡市	61,906	5,885	5,432	6,281	2,951	7,743	2,119	3,060	4,552	6,477	2,983	3,279	11,144

表 6.2 都市別項目別食料費支出割合（単位：％）

都市	穀類	魚介類	肉類	乳卵類	野菜海藻	果物	油脂調味料	菓子類	調理食品	飲料	酒類	外食	計
札幌市	9.9	10.2	8.7	4.7	12.8	4.0	4.8	7.7	10.0	6.3	6.0	15.1	100.0
仙台市	8.8	9.8	7.8	5.4	14.0	4.2	4.7	8.2	11.2	5.7	4.7	15.4	100.0
さいたま市	9.0	9.0	8.0	5.1	13.1	4.1	4.4	7.7	11.4	5.5	4.5	18.3	100.0
千葉市	8.6	9.6	8.3	5.1	13.5	4.5	4.5	7.6	11.1	6.2	4.5	16.7	100.0
東京区部	8.3	8.3	8.3	4.6	12.5	3.8	4.1	7.0	12.1	5.2	4.2	21.8	100.0
川崎市	9.6	8.3	8.6	4.8	13.1	3.6	4.4	7.5	11.3	5.6	3.8	19.4	100.0
横浜市	9.0	8.7	8.8	4.6	12.9	3.9	4.4	7.2	11.5	5.1	4.1	19.8	100.0
新潟市	10.1	9.4	7.5	4.9	14.2	4.1	4.9	7.6	12.6	5.2	5.2	14.1	100.0
静岡市	10.5	10.3	8.5	4.4	13.3	3.5	4.8	7.0	14.0	4.6	3.9	15.3	100.0
浜松市	10.3	9.5	7.8	4.8	12.4	3.4	4.6	8.0	14.2	5.7	3.8	15.5	100.0
名古屋市	9.5	9.1	9.3	4.6	12.2	4.0	4.5	7.3	11.1	5.2	4.0	19.1	100.0
京都市	9.0	9.0	10.5	4.6	12.8	3.4	4.6	6.9	12.0	4.9	4.8	17.0	100.0
大阪市	10.0	8.7	10.3	4.4	12.5	3.4	4.3	5.9	12.8	4.7	5.0	18.0	100.0
堺市	9.9	10.9	11.1	4.8	12.6	3.6	4.7	7.0	12.5	5.2	4.4	13.3	100.0
神戸市	10.4	8.9	10.2	5.3	12.7	4.0	4.6	7.3	11.4	4.4	4.4	16.3	100.0
岡山市	9.5	9.5	10	5.1	11.9	3.2	5.2	7.7	11.8	5.5	4.1	16.6	100.0
広島市	9.3	9.3	9.9	5.0	12.3	3.8	5.1	7.2	12.7	5.6	5.0	14.8	100.0
北九州市	9.5	9.9	10.5	4.5	12.3	3.9	4.5	6.9	11.6	5.1	4.7	16.4	100.0
福岡市	9.5	8.8	10.1	4.8	12.5	3.4	4.9	7.4	10.5	4.8	5.3	18.0	100.0

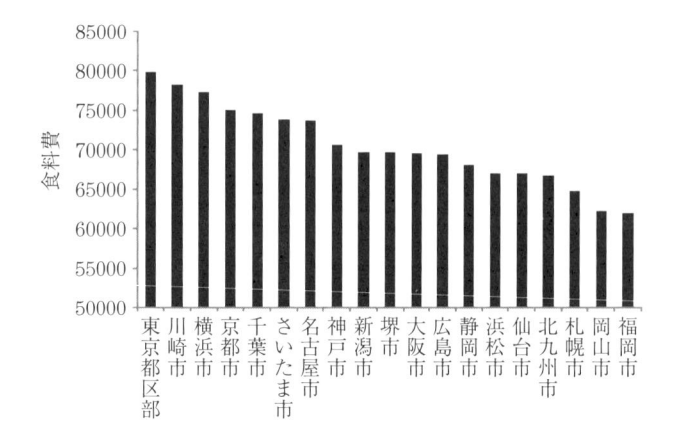

[図: 都市別食料費の棒グラフ。縦軸は食料費 (50000〜85000)、横軸は東京都区部、川崎市、横浜市、京都市、千葉市、さいたま市、名古屋市、神戸市、新潟市、堺市、大阪市、広島市、静岡市、浜松市、仙台市、北九州市、札幌市、岡山市、福岡市]

図 **6.2** 都市別食料費

表 6.2 は，19 都市別の食料への支出総額に占める各項目の割合を計算したものである．こうすることで，支出金額の多少ではなく，支出項目間の相対的な大小関係に焦点を絞った分析が可能になる．全項目の割合を合計すると 100% になるので，支出項目の間には線形関係が成立している．したがって主成分分析を行うと，少なくとも 1 個の固有値が 0 の主成分が算出される．

6.3.2 因子分析

表 6.2 の計を除いた都市別食料消費項目別データを利用して因子分析を行う．因子分析の手順は，スクリプト 6.1 に示すように，原データから相関行列を求めことが出発点となる．この相関行列を分解して因子寄与 (固有値) や因子負荷量を求め，必要に応じ因子軸を回転させて因子の解釈を行う．因子の解釈ができたら，それぞれの企業や団体などが抱えている問題解決に利用する．

a. R スクリプト (プログラム)

ここで実行した因子分析の R スクリプトをスクリプト 6.1 に示してある．

b. 準　　備

CSV 形式のデータの読込みは，スクリプト 6.1 の 2 行目のような関数 `read.table` で行う．括弧内の `row.names=1` は，読み込むデータの 1 列目が都市名 (標本名) であることを意味し，`header=TRUE` は 1 行目が項目名であることを示している．

c. 相関行列

読み込んだデータ datax の相関行列は，スクリプト 6.1 の 6 行目の関数 cor で得ることができる．

スクリプト **6.1** 因子分析のスクリプト (プログラム)

```
 1:  # --準備--
 2:     datax<-read.table("c:/Rdata/食料支出.csv",header=TRUE,row.name=1,sep=",")
 3:        # データファイル食料支出.csv を読み込み，変数 datax へ入れる
 4:
 5:  # --相関行列--
 6:     r<-cor(datax)
 7:        # 相関行列を求め，結果を r へ入れる
 8:
 9:  # --結果の表示--
10:     r
11:        # 相関行列を表示する
12:
13:  # --固有値--
14:     root<-eigen(r)
15:        # 相関行列 r の固有値と固有ベクトルを求め，結果を root へ入れる
16:
17:  # --結果の表示--
18:     root
19:        # 固有値と固有ベクトルを表示する
20:
21:  # --因子分析 (無回転)--
22:     f<-factanal(x=datax,factors=4,scores="regression",rotation="none")
23:        # 因子分析 (無回転) を行い，結果を f へ入れる
24:
25:  # --結果の表示--
26:     print(f,cutoff=0)
27:        # 因子負荷量，因子寄与，寄与率などを表示する
28:
29:     # --因子分析 (バリマックス回転)--
30:     fx<-factanal(x=x,factors=4,scores="regression")
31:        # 因子分析 (バリマックス回転) を行い，結果を fx へ入れる
32:
33:  # --結果の表示--
34:     print(fx,cutoff=0)
35:        # 因子負荷量，因子寄与，寄与率などを表示する
36:
37:  # --因子負荷量の図示--
38:     names = c("穀類","魚介","肉類","乳卵","野菜","果物","油調","菓子","調理","飲料","酒類","外食")
39:     plot(fx$loadings[,1],fx$loadings[,2],asp=1)
40:     text(fx$loadings[,1],fx$loadings[,2],names,pos=3)
41:     abline(h=0,v=0)
42:        # 項目名を name に入れ，第 1，2 因子軸に因子負荷量をプロットする
43:
44:  # --因子得点の表示--
45:     fx$scores
46:
47:  # --因子得点の図示--
48:     plot(fx$scores[,1],fx$scores[,2],asp=1)
49:     text(fx$score[,1],fx$score[,2],row.names(datax),pos=4)
50:     abline(h=0,v=0)
51:        # 各都市の第 1，2 因子の因子得点をプロットする
```

表 6.3 相関行列

	穀類	魚介類	肉類	乳卵類	野菜海藻	果物	油脂調味料	菓子類	調理食品	飲料	酒類	外食
穀類	1	0.329	0.219	-0.215	-0.075	-0.419	0.342	-0.161	0.433	-0.396	0.031	-0.537
魚介類	0.329	1	0.117	0.043	0.121	0.085	0.460	0.172	0.180	0.237	0.171	-0.813
肉類	0.219	0.117	1	-0.220	-0.636	-0.458	0.169	-0.604	-0.084	-0.460	0.144	-0.115
乳卵類	-0.215	0.043	-0.220	1	0.309	0.417	0.336	0.684	-0.287	0.333	0.038	-0.277
野菜海藻	-0.075	0.121	-0.636	0.309	1	0.560	-0.045	0.344	-0.027	0.164	0.156	-0.246
果物	-0.419	0.085	-0.458	0.417	0.560	1	-0.233	0.349	-0.428	0.405	0.192	-0.033
油脂調味料	0.342	0.460	0.169	0.336	-0.045	-0.233	1	0.344	0.055	0.119	0.304	-0.675
菓子類	-0.161	0.172	-0.604	0.684	0.344	0.349	0.344	1	-0.247	0.611	-0.067	-0.218
調理食品	0.433	0.180	-0.084	-0.287	-0.027	-0.428	0.055	-0.247	1	-0.297	-0.423	-0.288
飲料	-0.396	0.237	-0.460	0.333	0.164	0.405	0.119	0.611	-0.297	1	0.175	-0.150
酒類	0.031	0.171	0.144	0.038	0.156	0.192	0.304	-0.067	-0.423	0.175	1	-0.340
外食	-0.537	-0.813	-0.115	-0.277	-0.246	-0.033	-0.675	-0.218	-0.288	-0.150	-0.340	1

得られた表 6.3 の相関行列からみた特徴は，まず外食と他項目の相関がマイナスである．スーパーやコンビニなどで購入する食料への支出と外食への支出は，互いに抑制的に働くことを示しており，常識的な結果である．また穀類，魚介類，肉類および調理食品 (弁当およびサラダ，コロッケなどの惣菜類など) は互いにほぼプラスの相関を有しており，連動して増減する似た項目であることを示す．一方，(乳卵，果物，菓子類，飲料) は (穀類，肉類，調理食品) と逆相関の関係にあり，両グループの選ばれ方は互いに抑制的で，一方の支出が増えると他方の支出が減少する関係がある．

d. 固有値の算出と因子数の決定

因子分析に先立って，因子数を決める必要がある．一般的に変数 1 個分の情報量を 1 として，それ以上の情報量をもつ因子を抽出するという意味から，固有値が 1.0 以上の因子を抽出する．相関行列の固有値分解を行うと，固有値が 1.0 以上の因子が 4 個あり，それぞれに対応する固有値と固有ベクトルは表 6.4 のようになる．

R で相関行列から固有値を求めるには，スクリプト 6.1 の 14 行目のような関数 `eigen` を使用する．

第 1 主成分の固有値 3.55 は，変数 3.55 個分の情報量を有しており，全支出項目 12 個に占める割合は 29.6% である．同様に第 2 主成分の固有値は 2.92 で全体の 24.4%，第 3 主成分は 1.64 で 13.6%，第 4 主成分は 1.23 で 10.2% である．これら 4 つの主成分で，全体の 77.8% を説明していることがわかる．

e. 因子負荷量と共通性

因子分析を行うときにはスクリプト 6.1 の 22 行目の関数 `factanal` を利用する．この関数は，最尤法により因子負荷量と共通性を推定してくれる．括弧内の `x` にはデータ名，`factors` は因子数を指定し，`scores` は因子得点を求める際の計算方法を指定する．`rotation` は因子軸の回転を行わないときには `none` を指定し，回転させる場合は，回転方法を指定する．ここでは，最初に回転を行わずに因子分析を行ってみる．

出力結果をまとめたのが表 6.5 である．第 1 因子 (factor 1) から第 4 因子までの各項目に対する因子負荷量と特殊因子 (uniquenesses) 負荷量，1 から特殊因子を引いた共通性が記載されている．表中の SS loadings は，因子負荷量の 2 乗和で**因子寄与**とよばれ，その因子の寄与の大きさを示す．また Proportion Var は寄与率で全項目に占めるその因子のもつ情報量の割合を示している．Cumulative Var は累積寄与率で，大きな因子の寄与率から当該因子の寄与率までの累積寄与率を示す．

表 6.4　固有値と固有ベクトル

	主成分	1	2	3	4	5	6	7	8	9	10	11	12
固有値	固有値	3.551	2.923	1.635	1.226	0.867	0.680	0.434	0.302	0.202	9.133	0.047	0.001
	寄与率 (%)	29.6	24.4	13.6	10.2	7.2	5.7	3.6	2.5	1.7	1.1	0.4	0.0
	累積寄与率 (%)	29.6	54.0	67.6	77.8	85.0	90.7	94.3	96.8	98.5	99.6	100.0	100.0
固有ベクトル	穀類	0.201	−0.401	0.195	−0.111	0.238	−0.202	0.672	−0.318	−0.020	0.196	−0.141	−0.198
	魚介類	−0.112	−0.452	0.014	−0.144	−0.445	0.375	0.131	0.351	−0.057	−0.323	−0.376	−0.188
	肉類	0.343	−0.160	−0.461	0.084	0.059	0.419	−0.047	−0.004	−0.249	0.213	0.428	−0.407
	乳卵類	−0.373	−0.067	−0.061	0.336	0.479	0.333	−0.173	−0.365	−0.230	−0.121	−0.405	−0.063
	野菜海藻	−0.332	−0.006	0.289	−0.487	0.303	−0.056	−0.162	0.370	−0.412	0.303	0.083	−0.207
	果物	−0.391	0.154	−0.050	−0.366	0.004	0.410	0.139	−0.226	0.618	0.160	0.148	−0.139
	油脂調味料	−0.100	−0.458	−0.155	0.306	0.172	−0.245	−0.265	0.339	0.478	0.372	−0.115	−0.085
	菓子類	−0.435	−0.062	0.133	0.395	0.055	−0.144	0.298	0.160	−0.006	−0.390	0.546	−0.214
	調理食品	0.216	−0.202	0.581	−0.003	−0.120	0.004	−0.500	−0.340	0.141	−0.152	0.146	−0.362
	飲料	−0.386	0.011	−0.081	0.176	−0.608	−0.208	−0.017	−0.326	−0.262	0.451	−0.041	−0.145
	酒類	−0.122	−0.167	−0.522	−0.421	0.058	−0.464	−0.190	−0.236	−0.001	−0.403	0.000	−0.187
	外食	0.134	0.547	−0.028	0.133	0.020	−0.149	0.095	0.190	0.115	−0.038	−0.359	−0.673

表 6.5 出力結果

回転前 因子	第1因子	第2因子	第3因子	第4因子	特殊因子	共通性
穀類	−0.244	0.588	0.109	0.031	0.582	0.418
魚介類	0.048	0.642	0.475	0.153	0.337	0.663
肉類	−0.845	−0.048	0.473	−0.234	0.005	0.995
乳卵類	0.557	0.059	0.421	−0.216	0.463	0.537
野菜海藻	0.543	0.187	−0.073	0.568	0.342	0.658
果物	0.501	−0.195	0.151	0.496	0.443	0.557
油脂調味料	0.128	0.488	0.549	−0.183	0.410	0.590
菓子類	0.924	0.080	0.248	−0.270	0.005	0.995
調理食品	−0.225	0.765	−0.578	−0.158	0.005	0.995
飲料	0.635	−0.024	0.209	0.092	0.545	0.455
酒類	−0.037	−0.04	0.531	0.584	0.374	0.626
外食	−0.069	−0.829	−0.528	−0.157	0.005	0.995
SS loadings	2.962	2.355	1.969	1.200		
Proportion Var	0.247	0.196	0.164	0.100		
Cumulative Var	0.247	0.443	0.607	0.707		

また，共通性は各項目のもつ情報のうち4つの因子で説明された割合を示している．Rでは共通性の推定方法として最尤法が標準的に提供されていることから，この方法で共通性を推定する．たとえば，魚介類の0.663は，魚介類のもつ情報の66.3%が4つの因子で説明されることを表している．したがって，これらの12項目のうち4因子で最もよく説明されたものは肉類，菓子類，調理食品および外食の99.5%であり，あまり説明されていない項目は穀類の41.8%と飲料の45.5%であることがわかる．

f. 因子軸の回転

表6.5の因子負荷量からそれぞれの因子の意味を解釈することもできるが，因子負荷量のメリハリをつけて解釈を容易にするため，バリマックス回転を行うことにしよう．スクリプト6.1の30行目のように関数`factanal`の引数から`rotation = "none"`をとると，関数はデフォルトでバリマックス回転を行ってくれる．因子軸の回転後の結果は，表6.6の通りである．回転前の因子負荷量から変化している．

6.3.3 因子の解釈

表6.6の因子の意味を解釈するため，因子負荷量の符号と絶対値の大きな項目に着目して対比させてみよう．

第1因子 絶対値の大きな項目は外食の−0.979で，果物を除く穀物などの他

表 6.6　バリマックス回転後

回転後因子	第1因子	第2因子	第3因子	第4因子	特殊因子	共通性
穀類	0.592	−0.186	−0.078	−0.166	0.582	0.418
魚介類	0.794	0.127	0.063	0.114	0.337	0.663
肉類	0.232	−0.325	−0.876	0.260	0.005	0.995
乳卵類	0.157	0.703	0.070	0.114	0.463	0.537
野菜海藻	0.152	0.092	0.777	0.153	0.342	0.658
果物	−0.083	0.209	0.555	0.445	0.443	0.557
油脂調味料	0.638	0.394	−0.158	0.044	0.410	0.590
菓子類	0.049	0.935	0.337	−0.063	0.005	0.995
調理食品	0.400	−0.376	0.095	−0.828	0.005	0.995
飲料	0.022	0.525	0.385	0.175	0.545	0.455
酒類	0.296	−0.091	0.154	0.711	0.374	0.626
外食	−0.979	−0.153	−0.091	−0.066	0.005	0.995
SS loadings	2.706	2.181	2.024	1.574		
Proportion Var	0.226	0.182	0.169	0.131		
Cumulative Var	0.226	0.407	0.576	0.707		

項目はプラスの負荷量をもっている．果物の負荷量 (−0.083) は 0 に近くほぼ無視できる．この因子は外食と家庭料理の食材が対比されており，負荷量のバランスから第 1 因子は，外食の因子であると解釈できる．

第 2 因子　因子負荷量で絶対値の大きな項目は，菓子類の 0.935 である．これ以外の項目では乳卵類 0.703 と飲料 0.525 の絶対値が比較的大きいが，他項目の絶対値はかなり小さい．したがって，この因子は菓子類を中心としたスナック系食材の因子であると解釈できる．

第 3 因子　同様に，因子負荷量の絶対値の大きな項目は，肉類の −0.876 である．これ以外の項目では符号がプラスの野菜海藻 0.777 と果物 0.555 の絶対値が比較的大きいが，他項目の絶対値はかなり低い．したがって，この因子は肉類と野菜海藻を分別する因子であると解釈できる．

第 4 因子　同様に，因子負荷量で絶対値の大きな項目は，調理食品 (弁当，サラダ，総菜など) の −0.828 である．これ以外の項目では符号がプラスの酒類 0.711 の絶対値が比較的大きいが，他項目の絶対値はかなり低い．したがって，この因子は食事と飲酒を分別する因子であると解釈できる．

図 6.3 は，第 1 因子と第 2 因子の各項目の因子負荷量を 2 次元平面上にプロットしたものである．食料支出に占める外食類は他項目とは異なる位置にあり，外食類は穀類～酒類までとは異なる特性をもっていることが理解できる．また，第 4 象限の穀類，肉類，調理食品および酒類は似た特性をもっていることが視覚的にも明確である．

6.3 R による因子分析の実行   115

[図: 散布図 f$loadings[,1] vs f$loadings[,2]、項目: 菓子, 乳卵, 飲料, 油調, 果物, 野菜, 魚, 外食, 酒類, 穀類, 肉類, 調理]

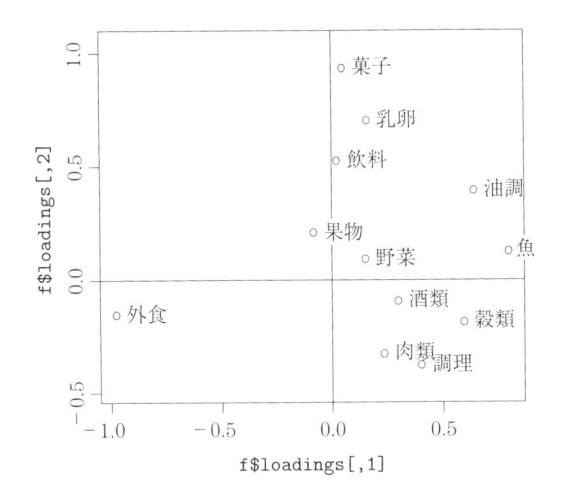

図 **6.3** 消費項目の分類

こうした 2 次元平面図の作成は，スクリプト 6.1 の 38–41 行目のようなスクリプトで可能になる．`names` には項目名を格納し，`plot` で第 1, 2 因子軸のつくる平面に因子負荷量をプロット，`text` では `names` に格納されている項目名を表記，`abline` は平面図に原点の座標軸を表示することを意味している．

6.3.4 因子得点

スクリプト 6.1 の 30 行目で見られるように，関数 `factanal` の引数において，`scores="regression"` を指定すると，回帰法で推定した因子得点が算出される．
表 6.7 は，都市ごとの因子得点を求めたものである．

第 1 因子得点　各都市の第 1 因子「外食」に関する絶対値の大きな因子得点を見ると，首都圏 (東京，さいたま，千葉，川崎，横浜) と名古屋がマイナスのスコアをもち，外食の影響が大きいことを示している．堺，新潟，広島および静岡はプラスのスコアをもち，外食の影響が小さい (図 6.4)．

第 2 因子得点　第 2 因子は菓子類を中心としたスナック系食材の因子で，それを減らすように影響している都市が，大阪，静岡や東京，増やすように影響している都市が仙台，岡山，浜松などである．

第 3 因子得点　第 3 因子は肉類と野菜海藻を分別する因子である．この因子の影響力は，札幌から浜松までの東日本の都市 (野菜海藻の影響が大) と，名古屋から福岡までの西日本の都市 (肉類) とは逆方向に影響している．日本列島を二分す

表 6.7 因子得点

	都市	第1因子	第2因子	第3因子	第4因子
1	札幌市	0.505	0.567	1.024	2.209
2	仙台市	0.345	1.478	1.077	0.399
3	さいたま市	−0.823	0.569	0.764	−0.016
4	千葉市	−0.111	0.305	0.998	0.814
5	東京都区部	−2.159	−0.749	0.333	−0.891
6	川崎市	−1.252	0.417	0.055	−0.142
7	横浜市	−1.334	−0.226	0.083	−0.098
8	新潟市	1.142	−0.215	2.103	0.079
9	静岡市	0.937	−1.152	0.950	−1.321
10	浜松市	0.640	1.066	0.368	−2.735
11	名古屋市	−1.048	0.176	−0.413	0.241
12	京都市	0.131	−0.514	−1.103	0.050
13	大阪市	−0.085	−2.953	−0.032	0.254
14	堺市	1.847	−0.300	−1.303	0.185
15	神戸市	0.282	0.310	−0.957	0.430
16	岡山市	0.121	1.297	−1.489	−0.610
17	広島市	1.082	−0.145	−0.516	−0.371
18	北九州市	0.354	−0.564	−0.859	0.650
19	福岡市	−0.572	0.633	−1.083	0.873

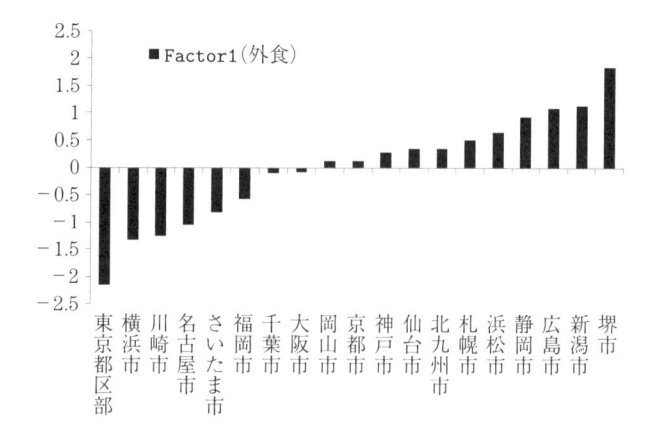

図 6.4 第1因子得点

るフォッサマグナが境界になっているのが興味深い．

第 4 因子得点 この第 4 因子は食事と飲食を分別する因子である．都市別の因子得点を見ると，食事を増やし飲酒を減らすように影響しているのが浜松，静岡，東京，岡山，広島，逆に食事を減らし飲酒を増やすように影響しているのが札幌，福岡，千葉，北九州などである．

6.3.5 2 次元グラフ

因子得点を使用して各都市の第 1, 2 因子軸平面に因子得点をプロットしたのが，図 6.5 である．散布図を描くスクリプトは，スクリプト 6.1 の 48, 49 行目である．

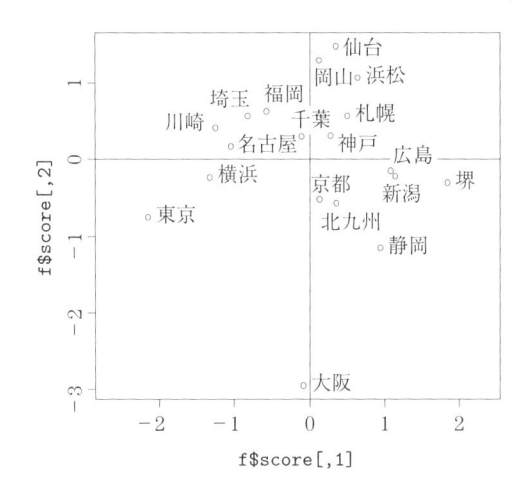

図 6.5　第 1, 2 因子得点による分類

図 6.5 から，大阪市は第 2 因子 (スナック系食材) の因子得点が他都市と大きく異なっており，菓子類に対する支出割合が少ないことが視覚的にも理解できる．スクリプト 6.1 の 48, 49 行目の因子軸の番号を代えることで，別の因子軸を組み合わせて都市を表示することもできる．

練習問題

6.1 表 6.8 は 2010 年の人口 10 万人あたり大都市別死因別死亡数を示したものである (http://www.city.yokohama.lg.jp/ex/stat/daitoshi/#XV)．
　このデータを利用して，因子分析を行え．

118   6 因子分析

表 6.8 大都市別死因別死亡数 (2010)(単位：人/10万人)

	都市	結核	悪性新生物	糖尿病	心疾患(除高血圧)	脳血管疾患	肺炎	肝疾患	腎不全	老衰	不慮の事故	自殺	その他
1	札幌市	1.4	274.7	9.9	120.9	71.7	75.2	8.7	17.2	11.6	20.2	22.5	175.1
2	仙台市	1.6	219.1	10.3	98.1	83.9	56.6	9.8	12.9	31.5	21.3	18.3	141.3
3	さいたま市	0.9	211.6	8.7	127.5	73.5	67.0	9.7	12.9	20.4	20.2	21.1	133.7
4	千葉市	1.9	224.0	9.3	119.2	65.1	75.4	10.0	14.5	21.0	26.0	22.9	140.0
5	東京区部	2.0	248.5	10.4	125.8	78.7	70.9	15.2	13.8	27.8	23.6	22.3	166.7
6	川崎市	1.5	202.3	6.6	99.1	64.5	57.7	14.2	9.1	21.0	24.9	21.6	127.9
7	横浜市	1.8	236.3	6.5	108.5	70.0	68.4	15.2	10.7	29.2	26.7	21.4	145.6
8	相模原市	1.3	213.1	7.9	112.3	69.4	58.0	12.7	9.5	18.1	19.8	19.4	124.7
9	新潟市	1.2	301.5	9.2	143.5	106.8	89.5	9.9	16.9	33.4	32.9	23.2	168.6
10	静岡市	2.8	276.3	9.8	156.7	102.3	84.2	12.4	19.4	56.4	33.1	21.1	211.0
11	浜松市	1.6	245.4	14.2	117.1	105.3	76.5	8.2	20.4	63.2	29.1	19.6	177.6
12	名古屋市	2.7	259.3	8.9	123.6	79.3	77.1	9.9	15.2	27.7	27.2	19.8	189.2
13	京都市	1.6	278.3	10.2	153.6	76.5	85.2	10.2	18.5	29.1	20.9	22.5	176.3
14	大阪市	3.3	303.0	11.8	140.4	82.8	111.0	21.4	21.0	20.0	30.2	27.9	199.8
15	堺市	1.8	290.7	9.6	142.3	69.7	93.7	15.1	16.7	19.5	27.7	24.2	161.5
16	神戸市	1.9	291.9	10.7	130.0	72.6	82.1	14.2	20.5	30.9	34.5	23.0	197.4
17	岡山市	1.4	247.5	10.0	133.0	90.8	87.5	13.0	15.2	28.7	35.0	19.6	176.3
18	広島市	2.0	240.9	8.6	130.1	65.7	72.7	10.8	17.5	26.9	25.6	20.1	154.6
19	北九州市	1.8	336.4	13.6	138.9	92.6	102.8	14.8	20.7	18.5	35.2	23.6	233.1
20	福岡市	1.2	226.1	8.5	74.6	57.7	72.3	8.6	12.1	13.5	24.3	23.3	170.0

7 階層型ニューラルネットワーク

階層型ニューラルネットワークは，生物の神経回路網を模倣した人工神経回路網である．複雑なデータから規則性を導き出すために用いられている．3章で説明した回帰分析はこのネットワークの最も単純な場合である．回帰分析と比較するために第3章で用いた為替の予測に応用しよう．応用の結果，回帰分析よりもよりよく為替レートを予測できること，さらに，株価よりも金価格が為替レートの予測に有効であることを見よう．

なお本章では，まえがきにあるwebページからダウンロードできるchap7.zipにあるファイルを用いる．

7.1 ニューラルネットワークの学習

a. ニューラルネットワークと情報量獲得

ニューラルネットワークは，神経回路網にヒントを得た人工神経回路網である．複雑なデータから規則性を導き出すために広く用いられている．

神経回路網の目的は，生物を安定して維持することにある．このため生物をとりまく外部環境についてできるだけ多くの情報を獲得しておく必要がある．

蓄積された情報によって外部環境が自分にとって危険であるかどうかを判断し，適切な行動をとるためである．

b. 制約条件とコスト

情報を蓄積するさいには多くの制約がある．したがって，この制約条件の中で最大限必要な情報を獲得しようとする．

制約条件の中の1つは，情報を獲得し保存するために必要なコストである．コストをできるだけ小さくし蓄積する必要がある．

人工神経回網でも状況は同じである．コストを最小化するという条件のもとで，情報量を最大化する必要がある．これはできるだけ単純なネットワーク構造によって最大限の情報量を獲得しようとすることに等しい．

データ解析に応用した場合，コストを最小化することによって，

- 過剰な情報の獲得を避けることができ，
- 結果の解釈を容易にする

ことができる．

したがって，情報量最大化とコストの最小化をいかに調和させていくかを理解することがニューラルネットワークをビジネスに活用する第一歩となる．

7.2 階層型ニューラルネットワーク

本章で扱う階層型ネットワークでは，ニューロンが複数のニューロングループに分化している．実際の神経回路網も同じようにニューロンは多数の異なった役割をもったニューロングループによって構成されている．

図 7.1a は，本章で用いる最も代表的な階層型ニューラルネットワークを表している．ここではニューロンは入力，内部，出力層に分かれる．さらに各ニューロンはウェイトによって結合されている．このウェイトを調整し，情報を獲得しようとする．

入力と出力層は，データの入力と出力を担当している．内部層のニューロンは，出力層から入ってきたデータのもつ情報をできるだけ低いコストで蓄積しようとする．

a. 情報獲得の実現

ニューラルネットワークでは情報の獲得はいろいろな形で実現されている．本章の階層型ネットワークでは，実際の出力と目標値との間の差異を最小にすることによって実現されている．できるだけ目標値に近い出力を可能にするように内部層にデータのもつ情報を蓄積しようとする．

b. コストの意味

この誤差を最小にするための情報の蓄積にはコストが必要となる．階層型ネットワークでは，コストは，内部ニューロンと連結するウェイトから構成される．

すなわち，コストは

- 内部ニューロンの数
- ウェイトの数と大きさ

で表すことができる．ニューラルネットワークでは，このコストを最小化しながら情報量を最大化する，すなわち誤差を最小化する．

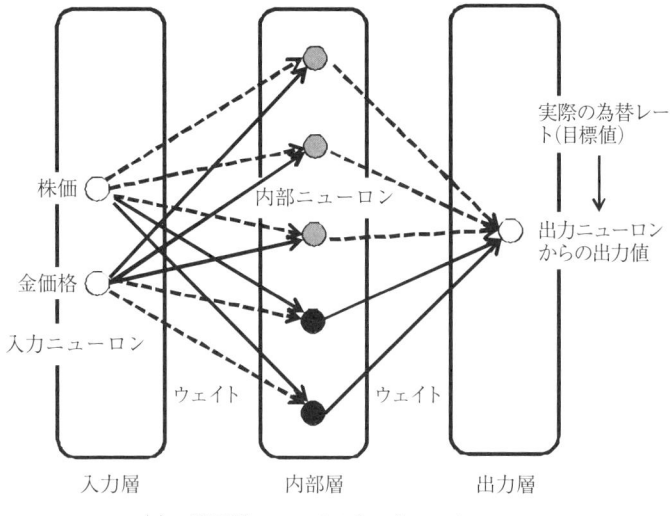

(a) 階層型ニューラルネットワーク

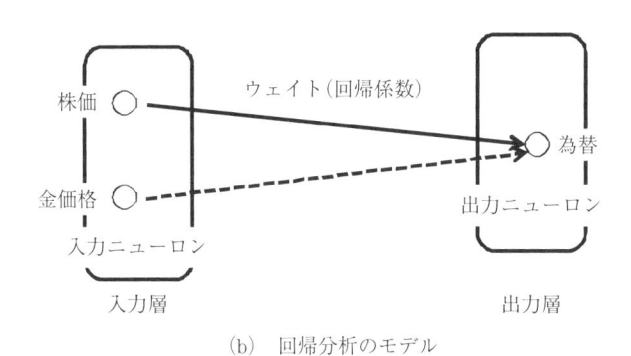

(b) 回帰分析のモデル

図 7.1 階層型ニューラルネットワーク (a) と回帰分析のモデル (b)

c. 回帰分析との関係

3章で説明した回帰分析との関係は密接である．回帰分析のモデルは階層型ニューラルネットワークの最も単純な形である．図 7.1b に示されているように，回帰分析では，入力層と出力層からなるニューラルネットワークを用いていることになる．

すなわち内部層をもたない入力と出力層からなる階層型ニューラルネットワー

クが回帰分析のモデルと等しくなる．
　単純であるがゆえに，必要なコスト，すなわち，ニューロンとウェイトの数は最小となる．

7.3 学 習 方 法

a. 情報量最大化

　学習では情報量を最大化するのと同時にコストを最小化する．情報量最大化は，出力と目標値の誤差

$$誤差 = 目標 - 実際の出力$$

を最小化することによって実現される．図 7.2a では誤差の最小の過程を表している．図の記号は後で説明する R プログラムの記号である．

　誤差の最小化は，ウェイトと内部ニューロンを調整し出力を目標に近づけることによって実現される．

　まず内部ニューロンへの入力は，入力値にウェイトを掛けニューロンの固有の値であるバイアスを足し合わせることで求めることができる．バイアスは回帰分

(a) ニューラルネットワーク

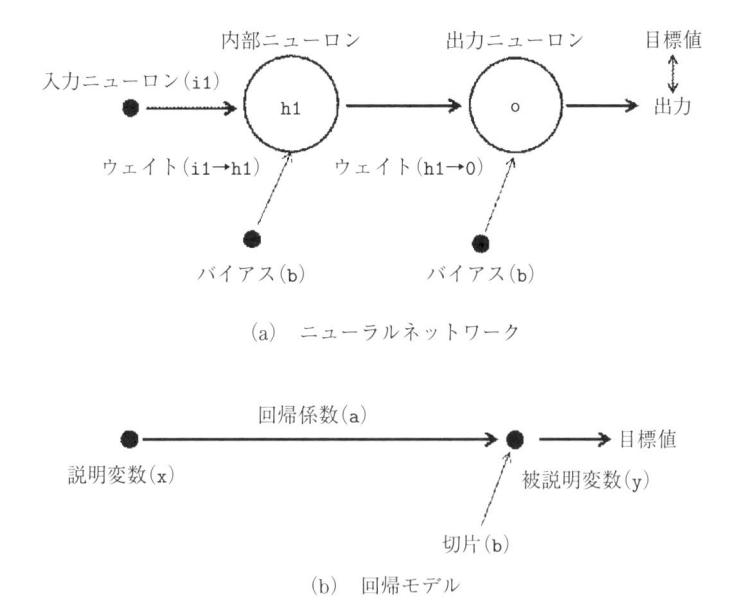

(b) 回帰モデル

図 **7.2** 誤差最小化 (情報量最大化) のメカニズム

析の切片に対応する (図 7.2b 参照). すなわち内部ニューロンへの入力は,

$$\text{内部ニューロンへの入力} = \text{ウェイト} \times \text{入力値} + \text{バイアス}$$

となる.

　内部ニューロンからの出力は, この入力を 0 から 1 の間の値に変換し, 出力される. 変換された値はニューロンの発火率を表している.

$$\text{内部ニューロンからの出力} = \text{入力を 0 から 1 の値へ変換}$$

　さらに出力ニューロンは, 内部ニューロンの出力にウェイトを掛けることによって得られる. すなわち, 出力ニューロンは

$$\text{出力ニューロンへ入力} = \text{ウェイト} \times \text{内部ニューロンの出力} + \text{バイアス}$$

となる. 通常出力ニューロンへの入力は, そのまま出力される. すなわち, 入力と出力は同じとなる.

　学習とは, 出力値が限りなく目標値に近づくようにウェイトとニューロンの固有の値であるバイアスを調整することを意味する. 誤差を小さくする方向へ繰り返し調整を行っていく.

b.　コストの最小化

　さらにコストも最小化する. コストは, ニューロン数によるコスト,

$$\text{コスト} = \text{ニューロン数}$$

とウェイトによるコスト

$$\text{コスト} = \text{ウェイト数と大きさ}$$

とからなる.

　したがって, 次の 2 段階からなるコスト削減の方法が考えられる. すなわち,

(1) ニューロンの数を決定する,
(2) 次にウェイトを小さくする

という段階を繰り返し適用することによって最小のネットワークをつくり上げる.

　たとえば, 図 7.3a–c に示されているように少数のニューロンからスタートし, ある程度の精度で出力できるまでニューロンの数を増加させる. さらにウェイトを小さくする.

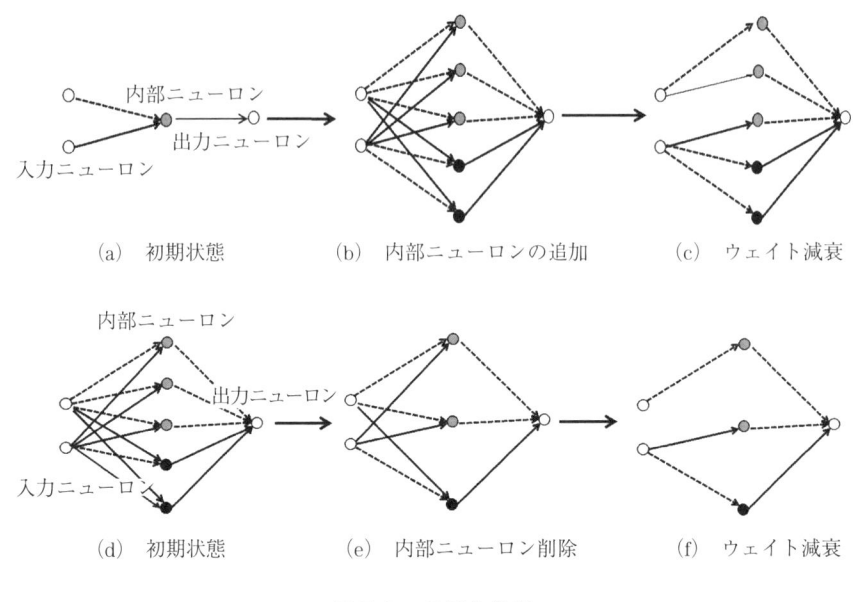

(a) 初期状態　(b) 内部ニューロンの追加　(c) ウェイト減衰

(d) 初期状態　(e) 内部ニューロン削除　(f) ウェイト減衰

図 **7.3**　最適化過程

あるいは図 7.3d–f で示されているように，ニューロンを縮小することもできる．ある程度の数の内部ニューロンをはじめから用意し，次第にニューロン数を減少させる．次にニューロン数を固定し，ウェイトを小さくし，微調整をしていく．

さらに学習結果の解釈によって，コスト削減できるかどうか検討する．このプロセスを何回も繰り返し，最小コストのネットワークを求める．

7.4　為替レート予測への適用

7.4.1　データと解析手順

a. データ

ここで使用するデータは 3 章の重回帰分析の節で使用したものと同じデータである．すなわち金価格と日経平均株価からドル円の為替レートを予測する．

これは，階層型ニューラルネットワークが回帰分析と比較しどの程度うまく予測できるかを示すためである．

b. 解析手順

解析手順は

(1) 階層型ニューラルネットワークの学習方法を決定する，
(2) 内部ニューロンの数を決定する，
(3) ウェイトの大きさを調整する，
(4) 結果を解釈する，
(5) 最終ネットワークを確定する，

となる．

7.4.2 階層型ニューラルネットワーク学習スクリプト

a. 学習方法の選択

階層型ネットワークの学習には多くの方法が開発されている．その中で最もよく知られている方法であるバックプロパゲーション法を本章で採用することにする．

この方法は心理学者のラメルハートらが開発したものである．学習によって規則を創り出そうとしたものである．それまで規則がないと考えられていた問題に応用し，自動的に規則性を見つけ出そうとした研究から始まっている．

b. R のスクリプトの概要

スクリプト 7.1 は使用するスクリプトである．R スクリプト (`chaptable7_1.R`) とデータ (`Regression.txt`) をフォルダ `Rdata` に保存しよう．このスクリプトは大きく分けて以下の 8 つの部分からなる，すなわち，

- ニューラルネットワークのパッケージの読込み，
- データの取込み，
- データの標準化，
- 学習データ (入力データと教師データ) と予測データの作成，
- 階層型ネットワークの学習，
- 予測，
- 標準化したデータをもとのデータへの変換，
- 予測結果の表示，

から構成されている．

記号 # で始まる文はコメントであり，スクリプト実行の際には無視される．

c. スクリプトの詳細

2 行目は階層型ネットワークは `nnet` というライブラリーを読み込んでいる．

スクリプト **7.1**　R スクリプト

```
 1: # ニューラルネットワークのパッケージを読込み
 2:    library(nnet)
 3:
 4: # ファイルからデータを読込み
 5:    Predata <- read.table("c:/Rdata/Regression.txt",header=TRUE)
 6:
 7: # データ標準化
 8:    Heikin_x1 <- mean(Predata[,2])
 9:    Heikin_x2 <- mean(Predata[,3])
10:    Heikin_y  <- mean(Predata[,4])
11:       # データ標準化のための平均値の計算
12:
13:    HyoujyunHensa_x1 <- sd(Predata[,2])
14:    HyoujyunHensa_x2 <- sd(Predata[,3])
15:    HyoujyunHensa_y  <- sd(Predata[,4])
16:       # データ標準化のための標準偏差の計算
17:
18:    StdInputData_x1 <- (Predata[,2]-Heikin_x1)/HyoujyunHensa_x1
19:    StdInputData_x2 <- (Predata[,3]-Heikin_x2)/HyoujyunHensa_x2
20:    StdInputData_y  <- (Predata[,4]-Heikin_y)/HyoujyunHensa_y
21:       #データの標準化
22:
23: # データ作成
24:    StdInputData <- matrix(c(StdInputData_x1[c(1:67)],StdInputData_x2[c(1:67)]),ncol=2,nrow=67)
25:       # モデル作成区間のデータの作成
26:
27:    StdInputTarget <- StdInputData_y[c(1:67)]
28:       # 教師データの作成
29:
30:    StdNewData <- matrix(c(StdInputData_x1[c(68:72)],StdInputData_x2[c(68:72)]),ncol=2,nrow=5)
31:       # 検証区間のデータ作成
32:
33:
34: # 階層的ネットワークの学習
35:    set.seed(2)}
36:       # 乱数の設定
37:    Gakusyuu <- nnet(StdInputData,StdInputTarget,size=1,decay=0,linout=TRUE)
38:       # 学習
39:
40: # 予測
41:    StdGakusyuuKekka <- predict(Gakusyuu,StdInputData,type="raw")
42:       # 作成したモデルに学習区間のデータを投入して予測
43:    StdYosokuKekka <- predict(Gakusyuu,StdNewData,type="raw")
44:       # 作成したモデルに検証区間のデータを投入して予測
45:
46: # 標準化データを元のデータに変換
47:    GakusyuuKekka <- StdGakusyuuKekka*HyoujyunHensa_y+Heikin_y
48:       # 学習区間
49:    YosokuKekka <- StdYosokuKekka*HyoujyunHensa_y+Heikin_y
50:       # 予測区間
51:
52: #予測結果の表示
53:    plot(Predata[68:72,3],xlim=c(1,5),ylim=c(74,80),type="l",xlab="年月",ylab="為替レート")
54:    par(new=T)
55:    plot(YosokuKekka[,1],xlim=c(1,5),ylim=c(74,80),type="l"z,lty=2,xlab="年月",ylab="為替レート")
56:
```

5 行目は，データ Regression.txt を読み込む部分である．

8–20 行目は，平均 (mean) と標準偏差 (std) を計算し，データを平均がゼロで標準偏差が 1 に標準化している．

24–30 行目までは，訓練用データ (67 個) と検証用データ (68 番目から最後の 72 番目) を作成している．

35 行目は乱数を設定している．

37 行目は，実際に訓練用データを用いニューラルネットを学習させている部分である．内部ニューロンの数は 1 個 (size=1) と設定している．

41–43 行目は，学習が終わったニューラルネットワークを用い，訓練区間と検証区間での為替の値を実際に出力させている部分である．

47–49 行は，標準化したデータを標準偏差と平均を用い，もとの大きさに戻している．最後の 52–55 行目は，検証区間の実際の為替レートと予測結果を表示している．

7.4.3 内部ニューロンの決定

コストを削減するためにまず内部ニューロンの数を調整する必要がある．内部ニューロンの数はスクリプト 37 行目のオプションの

$$\texttt{size} = 内部ニューロンの数$$

で決定できる．

説明を容易にするためできるだけ少ないニューロン数を選択することにした．すなわち，ニューロンを 1 個に決定した．

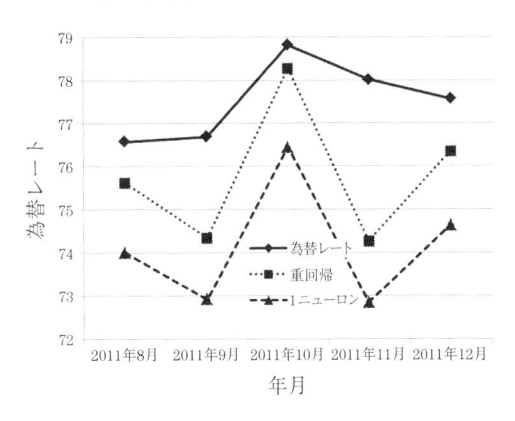

図 **7.4** 内部ニューロンが 1 個のときの予測結果

図 7.4 はニューロンの数が 1 個のときの結果を表している．比較のために 3 章の結果もプロットしている．回帰分析の結果よりもやや実測値から乖離していることがわかる．

7.4.4 ウェイトの調整

つぎにウェイトの大きさを小さくする．これはウェイト減衰という方法で実現できる．37 行目のオプションの

$$\text{decay} = \text{ウェイト減衰の大きさ}$$

は，ウェイトを小さくする項を導入するという意味である．

数字が大きければ大きいほどウェイトは小さくなる．数字はゼロ (通常の誤差最小) 以上をとり，大きくなればなるほどウェイトを小さくする力が働く．

ウェイト減衰がゼロのときは通常の誤差最小化法である．そこでウェイトを徐々に増加させた．ウェイト減衰の値を 0.15 に増加させたところで最も良い結果を得ることができた．

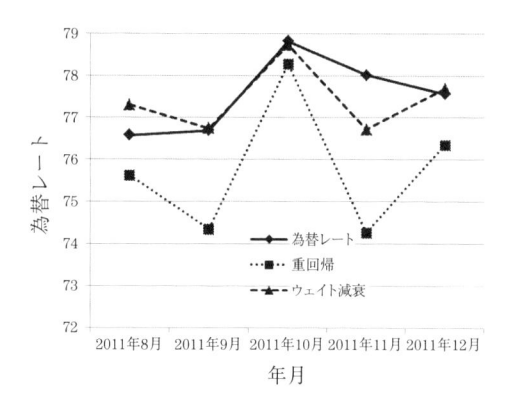

図 **7.5** ウェイト減衰による予測結果

図 7.5 はウェイト減衰の値が 0.15 のときの予測値を表している．図から，9 月，10 月と 12 月はほぼ実測値と一致していることがわかる．回帰分析の結果と比較しても良い結果が得られている．

7.4.5 ウェイトの解釈

階層型ネットワークがどのようにして予測を行っているかを理解するためには学習したウェイトを見る必要がある．ウェイトは

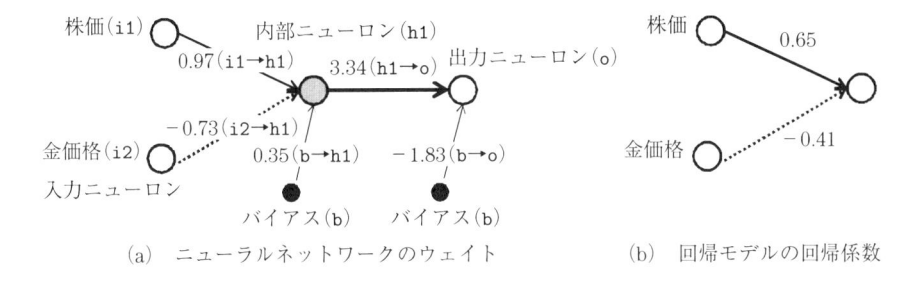

図 **7.6** ウェイトと回帰係数の比較

```
>summary(Gakusyuu)
```

で表示できる．

　図 7.6a は階層型ネットワークのウェイトの値を表している．株価と内部ニューロンは 0.97 の大きさのウェイトで結合されており，金価格は −0.73 の大きさのウェイトで結び付けられている．

　株価と内部ニューロンは正のウェイト 0.97 で結合されているので，株価が大きくなると内部ニューロンからの出力は大きくなる．さらに内部ニューロンと出力ニューロンは正のウェイト 3.34 で結合されているので，出力ニューロンは，株価が上がると大きくなる．すなわち為替レートは上昇する．

　金価格と内部ニューロンは負のウェイト −0.73 で結合されている．金価格が上昇すると内部ニューロンの出力は減少し，出力ニューロンへの入力も減少する．このとき強い負のバイアス −1.83 のため出力は小さくなるはずである．すなわち為替レートは下降する．これは図 7.6b の回帰分析で得られた回帰係数と同じ傾向を表している．

　階層型ニューラルネットワークは，いったん株価と金価格を 1 つの内部ニューロンに集約し，さらに内部ニューロンの値にウェイトを掛け，出力ニューロンからの出力値が求められる．

　この内部ニューロンへの集約がニューラルネットワークの性能を向上させる要因となっている．

a. 変数の影響について

　次に，どの変数が予測に貢献しているかをしらべるために，金価格と株価だけで予測を行おう（練習問題 7.1 参照）．

　図 7.7 は，金価格だけを用いた予測の結果である．あわせてウェイト減衰と重回帰分析の結果も追加している．図からわかるように金価格のみで十分に予測で

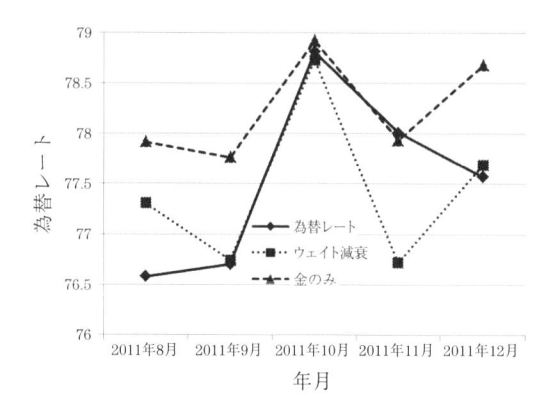

図 **7.7** 金価格による予測

きていることがわかる．10 月と 11 月は予測値と実測値がほぼ一致している．
　次に株価による予測を行った．図 7.8 は株価のみによる為替レートの予測である．為替レートは実測値から大きく乖離していることがわかる．
　このことは，為替レートの予測には株価よりも金価格の方がより関係していることがわかる．

図 **7.8** 株価による予測

7.5 問題点

a. 結果の不安定性

最大の問題点は，異なった初期値にしたがい異なった結果が得られることにある．初期値は通常小さな乱数が用いられる．異なる乱数の値によって大きく最終結果が変化する．

この問題を解決するためには，本章で述べたようにコストをなるべく小さくし，ニューラルネットワークが問題解決のためにとりうる手段を小さくすることによって解決できる場合もある．

b. 最適ネットワークの決定

次に，ネットワークを構成するニューロンの数を決める方法はなく，試行錯誤しながら決定する必要がある．

通常は小さなニューロン数から出発し，次第にニューロンの数を増加させることが賢明である．

しかし問題が複雑で，データのもつ情報量を獲得するために多くのニューロンが必要な場合は，最初に大きな数のニューロンを設定し，その後次第にニューロン数を減少させることもある．

また，ニューロン数を最初から固定し，ウェイトの最小化だけでコストを削減する方法も複雑な問題では効果的な場合がある．

c. 解釈の困難性

ニューラルネットワークは，回帰分析と比較すると内部ニューロンのため解釈が困難となる場合が多い．

通常内部ニューロンの数はかなり大きく，この数多くのニューロンと連結するウェイトをすべて理解することは困難である．

解釈のためには，上に述べた単純化の方法を用い，ニューロンとウェイトの数を小さくし理解することが効果的である．

しかし，実際にはニューロンとウェイトの数はなかなか小さくはならない場合が多い．この場合は，4-6章で述べた多変量解析の方法を用いニューロンとウェイトの大まかな特徴を探ることも1つの方法である．

7.6 階層型ニューラルネットワークの可能性

　現代のビジネスでは，消費者のニーズに合致した製品をタイムリーに市場に送り出すことが企業の利益を上げ企業の存続のための必要条件となっている．

　このためには，消費者のニーズについて情報を獲得する必要がある．また，製品の材料，製造工程，物流，競合する商品についての情報などついての情報を最大限知っておくことも必要となる．

　したがって，これらの多種多様の大量のデータから規則性を導き出すことが企業が競争に打ち勝つための条件となる．

　ニューラルネットワークは，複雑なビジネスデータから規則性を導き出すための方法の1つである．さらにできるだけ情報をコンパクトにできる．

　ニューラルネットワークの問題点を十分理解し，応用すれば少ない時間・コストで必要な規則性を導き出すことができると考える．

練 習 問 題

7.1 スクリプトを修正し，金価格と株価それぞれから為替を予測し，得られたウェイトを解釈せよ．

7.2 乱数の初期値を変更し，ウェイトを解釈せよ．

7.3 内部ニューロンの数を1から増加させ，そのときの予測値の変化を観察せよ．検証区間のグラフだけではなく訓練区間のグラフを描き変化を理解せよ．

7.4 ウェイト減衰項の値を増加させ，このときの予測値の変化を観察せよ．

8 自己組織化マップ

　自己組織化マップは生物の神経回路網にヒントを得た方法で，競争と協調をくりかえし情報を獲得する．複雑なビジネスデータを可視化し，データの特徴をしらべるために広く用いられている．

　本章では，この20年間の自動車生産を自己組織化マップにより可視化する．可視化により，この20年は全体として生産が縮小していることがわかる．縮小の過程で軽四輪乗用車の生産が相対的に大きくなってきている．

　またこの20年は生産縮小期の前期と後期，および生産拡大期の中期に分けられることがわかる．中期の生産拡大は，軽自動車の規格改定が引き金になっている．後期の生産の縮小は経済危機が主な原因と考えることができる．

　なお本章では，まえがきにあるwebページからダウンロードできる chap8.zip にあるファイルを用いる．

8.1 自己組織化マップの自動車産業分析への応用

a. 競合と協調による情報獲得

　自己組織化マップは，生物の神経回路網のメカニズムにヒントを得た人工神経回路網である．神経回路の目的は，生体系の維持に必要な情報を最大限効率よく蓄積することにつきる．

　そこで神経回路を構成するニューロンは，

- 互いに競争しながら単位ニューロンあたりの情報量を最大化しようとする．

得られる情報量をより確かなものするためにニューロンは

- 協調しながら情報を複数のニューロンと共有する．
  このことにより少数のニューロンが機能しなくなった場合でも適切な対応が可能となる．

さらに，必要な情報へ容易にアクセスできるために情報を

- 定められた場所に最大限蓄積する．

b. 競合・協調と自己組織化マップ

この競合・協調するニューロンを単純化し実現したものが自己組織化マップである．

データから情報をできるだけ獲得できるように競争と協調によって内部状態を変化させる．これを**自己組織化**とよぶ．情報は，2次元のマップに配置されたニューロンに保存される．このため**自己組織化マップ**とよばれている．

マップ上のニューロンの位置は，入力データ間の距離に応じて決定される．すなわち，ニューロンとニューロンの関係は，ニューロンが代表するデータ間の関係を表している．

c. 可視化への応用

自己組織化マップは，データの可視化への応用で脚光を浴びた．自己組織化マップでは，情報を蓄積するニューロン間の関係は，ニューロンが代表するパターン間の関係を表すことになる．

すなわち，複雑なデータ間の関係を2次元平面上のニューロンの位置によって表している．ニューロンの位置を理解することはパターン間の関係を理解することでもある．

このため科学実験データの視覚化，ビジネスデータの視覚化などに幅広く応用されるようになってきている．

d. 自動車産業分析への応用

本章では自己組織化マップの可視化能力を自動車産業の発展の解明に応用し，その有効性を確かめることにする．

日本の産業は，新興国企業との間の競争に直面している．特に基幹産業の1つである自動車は，より安全な車の開発，新しい環境技術の開発，新興国における低価格化競争，新しい生産方式の採用において海外メーカーとの厳しい競争に直面している．

そこで，自己組織化マップの可視化能力を活用し，日本自動車産業の特徴とこれからどのように展開していくのか考えていきたい．

8.2 競合学習と自己組織化マップ

8.2.1 競 合 学 習

a. 競争による情報の獲得

人工神経回路網は，図 8.1 に示しているように入力層と出力層の 2 層から構成されている．また，ニューロンとニューロンを結合するウェイトがある．

入力ニューロンから入ってきたデータからの情報を出力ニューロンは競争しながら蓄積する．この競争による情報の蓄積を**競合学習**とよんでいる．

最もパターンに近づくことができるニューロンが勝者となり，そのパターンを代表する，これを**一人勝ち** (winner-takes-all) とよんでいる．競争に勝ったニューロンがパターンを代表する．

b. 競 合 の 例

たとえば，図 8.1 では，ニューロン 1 と 2 が互いに入力パターンに近づこうとする．入力パターンに最も近づくことができたニューロンが勝者となる．

図 8.1a では，パターン A が入って来たとき 1 番目のニューロンがパターン A に最も近づくことができたので，このニューロンが勝者となる．図では大きな黒円で表されている．次に，図 8.1b では，パターン B が入ってきたとき第 2 番目のニューロンが最もこのパターンに近づくことができ勝者となる．

パターン A と類似したパターンが入力されると 1 番目のニューロンが勝者となるはずである．また，パターン B と類似したパターンが入力された場合はパターン B が勝者となるはずである．このようにして入力データを 2 つのクラスに分類することができる．

出力ニューロンを 3 個に増やせば入力データを 3 つのクラスに分類できる．

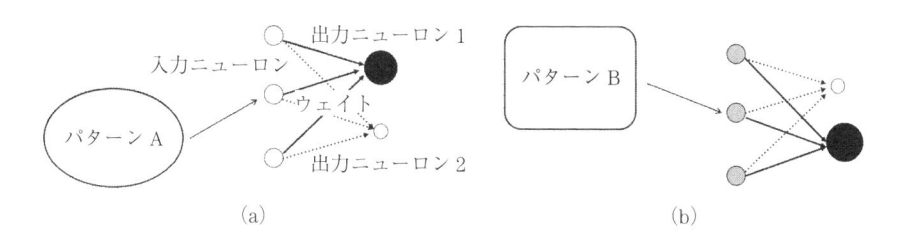

図 **8.1** 競合学習の仕組み

c. 競合学習

ニューロンは，連結するウェイトによって表現されている．したがって外部データに実際に近づいていくのはウェイトとなる．ウェイトは外部データをできるだけ忠実に表現しようとする．データを忠実に表現することがデータを理解する一歩となる．

競合による勝者は，データと対応するウェイトの差

$$誤差 = データ - ウェイト$$

を最小にする出力ニューロンである．

学習は勝者のみがこの誤差を最小にするように進んでいく．勝者のみが誤差を最小することから，競合学習は非常に効率の良い学習法となっている．

8.2.2 協調学習と自己組織化マップ

a. ニューロンの配置

自己組織化マップでは，通常出力ニューロンは2次元平面上に配置される．これをマップとよんでいる．マップ上のニューロンの位置は固定されている．

図 8.2 はマップの例を示している．ニューロンによって入力データを代表しているので，マップ上のニューロンの位置から対応するデータ間の関係を理解することができる．

b. 協調するニューロン

自己組織化マップでは，競合に加えてニューロンが互いに協調する．すなわち，自己組織化マップでは勝者ニューロンが入力パターンに近づいていくだけではな

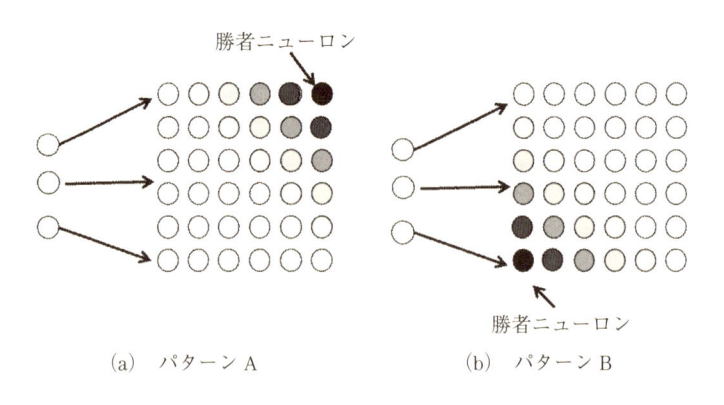

(a) パターン A (b) パターン B

図 **8.2** 自己組織化マップの学習

く，勝者に近い複数のニューロンが入力パターンに近づいていく．

図 8.2 に示されているように，黒丸で表された勝者が入力パターンに近づいていく場合，そのまわりのニューロンも入力パターンに近づいていく．ニューロンが勝者に近ければ近いほどより勝者と同じように入力パターンに近づいていくことになる．

図 8.2 では，パターン A と B は離れた位置のニューロンで表現されている．これは A と B は互いに異なっている可能性が高いことを示している．

c. 自己組織化マップの学習

競合学習と違い，勝者以外の通常のニューロンもデータとウェイトの誤差を小さくする．

このとき，誤差を小さくする度合いは勝者からの距離によって決まる．すなわち，勝者からの距離が近ければ近いほど勝者と同じように誤差を小さくする．

誤差は勝者との関係の強さを用いて

$$誤差 = 勝者ニューロンとの関係 \times (入力データ - ウェイト)$$

となる．

勝者と関係が強ければ強いほど入力データとウェイトの差を小さくする力が働く．

d. 学 習 方 法

実際の学習では「大まかな学習」から「詳細な学習」へゆっくりと移行していく．

大まかな学習の過程では，勝者ニューロンの及ぼす範囲はニューロン全体にわたる (図 8.3a)．このとき，各ニューロンと勝者ニューロンの全体的な関係が決まっていく．

勝者ニューロンの及ぼす範囲は次第に減少していく．図 8.3b から図 8.3c へと範囲は減少している．

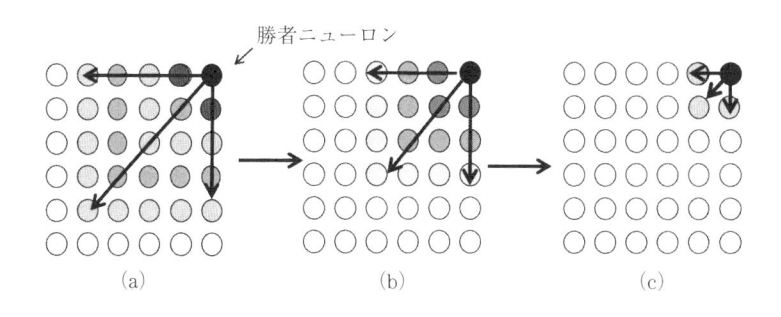

図 **8.3** 大まかな学習と詳細な学習

138   8 自己組織化マップ

最後の詳細な学習の段階では勝者の影響の範囲は最小に留められる．たとえば図 8.3c はこの範囲を表している．すなわち，勝者ニューロンの及ぼす範囲は，身近な位置にあるニューロンに限られる．ここでは，ニューロンとデータの誤差最小化の微調整が行われる．

e. 競合学習と自己組織化マップの違い

競合学習をクラス分けに用いた場合，クラスの数を前もって設定しておく必要がある．すなわち，設定したニューロンの数が入力パターンのクラス数になる．

自己組織化マップの場合は，ニューロンパターンがどのようなクラスに分けられるか自動的に決定される．すなわち，クラス数を前もって決めておく必要はない．

通常データをいくつのクラスに分ければよいかは，事前にはわからないことが多い．自己組織マップは，自動的にデータのクラス分けを行うことができる．

8.3 自動車産業の分析

8.3.1 データの概要

データは，1993 年 1 月から 2011 年 12 月までの日本の自動車会社が生産した台数を利用した (一般社団法人日本自動車工業会)．表 8.1 に示されているように，自動車は，普通乗用車，小型乗用車，軽四輪乗用車，普通，小型，軽四輪トラック，さらに大型，小型のバスから構成されている．表 8.1 は，1993 年のみのデータを表している．

表 **8.1**　自動車生産のデータ (1993 年のみ)

年　月	乗用車			トラック			バ　ス	
	普通	小型	軽四輪	普通	小型	軽四輪	大型	小型
1993 年 1 月	197594	40826	55144	77906	78515	60120	1441	2363
1993 年 2 月	228748	493686	70403	87961	87551	70302	1793	2758
1993 年 3 月	253412	554206	79617	93281	100471	77756	2182	3245
1993 年 4 月	189058	440918	65101	79641	79058	62575	1587	2748
1993 年 5 月	172028	420777	59443	76049	72761	61758	1299	3547
1993 年 6 月	191129	484450	70060	82837	81088	73923	1470	3003
1993 年 7 月	219286	472342	68147	83820	85688	78350	1380	2653
1993 年 8 月	174175	334387	38973	63405	64681	53095	1219	1963
1993 年 9 月	248356	434016	68124	78365	89495	71911	1615	2629
1993 年 10 月	237407	375012	66393	68712	79135	65881	1054	2215
1993 年 11 月	251972	388311	67779	70724	75086	70033	886	2244
1993 年 12 月	209988	333388	59467	69381	61838	52401	699	2081

8.3 自動車産業の分析　139

このデータを見ることによって，自動車生産の特徴を明確に言い表すことは困難である．自己組織化マップの最大の役割は，このデータをできるだけ簡単な形で表現しなおすことにある．

a. データの可視化の方法

このデータを選択した理由は，自己組織化マップが実際にデータの関係を理解していることを直感的に理解してもらうためである．

すなわち，近い年のデータは近くに，遠い年は遠くに配置されていれば自己組織化マップがデータを適切に配置している可能性が高くなる．

図 8.4 では，1993 年のデータはマップの右上 (図 8.4b) に，2011 年のデータはマップの左下 (図 8.4c) に配置されている．すなわち，遠い年代のデータは遠くに配置されるはずである．

さらに 1993 年に近い，たとえば 1994 年，1995 年は，1993 年の近くに配置されるはずである (図 8.4b)．また，2011 年に近い 2009 年，2010 年は近い場所に表示されるはずである (図 8.4c)．

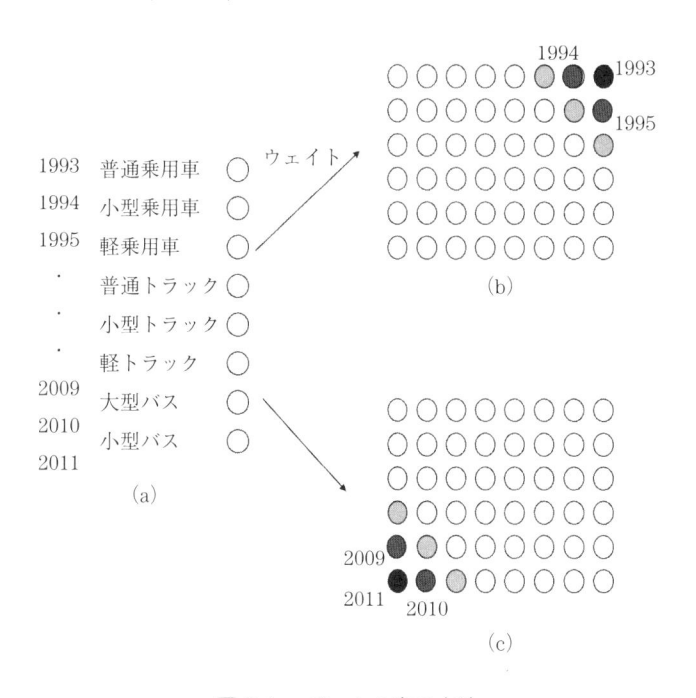

図 **8.4**　データの表示方法

8.3.2 適用手順
a. 手順概要
　ここでは自己組織化マップをデータのクラス分けに利用する．この場合，自己組織化マップは次の手順で適用される．

(1) パターンがいくつかのグループに分割できるかどうかしらべる．
(2) ニューロンにラベルをつけることによって理解する．
(3) ウェイトを分析しグループの意味をさらに理解する．
(4) 現実の出来事との関係から結果の妥当性をしらべていく．

　パターンがいくつのグループにわけられるかどうかは，出力ニューロンの数によって決まってくる．そこでニューロン数を増減させながらマップの変化を観察することが必要となる．

　得られたグループ分けが妥当性があるかどうかを判断する良い方法は，ニューロンにそれが代表するパターンの名称をラベルとして表示することが通常行われる．異なったラベルを付加し，結果の妥当性を探っていく．ニューロンが何を意味しているかを知るためには，得られたウェイトを表示させる．ウェイトの大きさでニューロンの働きを推定する．

　さらに，得られたグループが事実に合致するかどうかを関連するデータからしらべていく．

　この操作を何度も繰り返し理解しやすいマップをつくりあげていく．

　これから説明する結果は，この手順を数回繰り返した後得られたものである．

b. グループへ分割
　まずグループへの分割・分類である．人工神経回路網は生体系の神経回路をできるだけ単純化し模倣しようとするものである．したがって，データが非常に圧縮された形で神経回路網内に保存されている．これをそのままの形で見てもグループ間の境界は直感的にはわかりにくい．

　そこで自己組織化マップが獲得した知識をよりわかりやすく表現するための数多くの方法が開発されている．

　グループ分けのために最もよく使われているのが **U 行列** (U-matrix, unified distance matrix) である．これはニューロンとニューロン間の距離を表したもので，ニューロン間の距離が大きいところに，グループの境界線があり，この境界線を中心にグループに分割できると考えている．

　さらにグループ分けに多変量解析の手法を用いることもある．この本で説明が

あったクラスター分析，主成分分析はよく使われる代表的な方法である．この章では，階層型クラスター分析を用い分類を見やすくしている．

c. グループの意味と結果の妥当性

分類できるということがわかれば，分類されたグループはどのような意味をもっているのかしらべる必要がある．

一般的な方法は，ニューロンが最もよく代表しているパターンによってニューロンのラベル付けを行う方法である．また，ニューロンと結びついているウェイトの意味を理解する必要もある．

最後に，これらの解釈が現実的に意味のあるものであるかしらべることも重要である．

8.3.3 Rによる自己組織化マップ

a. kohonen パッケージ

Rでは，自己組織化マップを実行するためのいくつかのパッケージが用意されている．この中でkohonen パッケージは，化学者の Ron Wehrens によって開発されたもので，自己組織化マップの可視化への応用を目的として開発されたものである．

Rのプログラムは，

(1) パッケージのインストールとライブラリーの読込み，
(2) データの読込み，
(3) 自己組織化マップの学習，
(4) 結果の表示

の4段階に別れる．

スクリプト8.1のスクリプト(プログラム)中の#の記号は注釈文を表しており，この記号の後の文はプログラムとしては実行されない．Rスクリプト(book_chap8_script.R)とデータ(auto93_11seisan1203011.csv)をフォルダRdataに保存すれば実行できる．

b. パッケージの読込みとデータの入力

2行目のinstall.packagesでkohonenパッケージをインストールし，6行目のlibraryは，コホーネンライブラリーを読み込んでいる．10行目は，自動車生産のデータを読み込む部分である．

c. 自己組織化マップの学習

12–18行目は自己組織化マップの学習プログラムである．

スクリプト 8.1　R スクリプト

```
 1: ## パッケージの読込み
 2:   install.packages("kohonen")
 3:     ## kohonen パッケージの読込み
 4:
 5: ## ライブラリの読込み
 6:   library("kohonen")
 7:     ## Kohonen ライブラリの読込み
 8:
 9: ## データの読込み
10:   data <- read.csv("c:/Rdata/auto93_11seisan1203011.csv", header=T)
11:
12: ## SOM 学習
13:   set.seed(5)
14:     ## 乱数の選択
15:
16:   datasom1 <- som(scale(data[,2:9]), grid=somgrid(7,7))
17:     ## データの 2 列名から 9 列目の読込みと標準化
18:     ## 7 行 7 列のマップによる学習
19:
20: ## 結果の表示
21:   par(mfrow=c(2,2))
22:     ## 図形表示エリアの指定
23:
24:   plot(datasom1, type="changes")
25:     ## 誤差の表示
26:
27:   plot(datasom1, type="mapping", labels=data[,10])
28:   som.hc <- cutree(hclust(dist(datasom1$codes)), 5)
29:   add.cluster.boundaries(datasom1, som.hc)
30:     ## ラベル付けと階層型クラスタリングによる分類
31:
32:   plot(datasom1, type="codes")
33:   som.hc <- cutree(hclust(dist(datasom1$codes)), 5)
34:   add.cluster.boundaries(datasom1, som.hc)
35:     ## ウェイトの表示と階層型クラスタリングによる分類
36:
```

　13 行目の set.seed は，乱数を選択している．16 行目は SOM を実行する部分である．

　データは乗用車とトラック，バスでは生産量にかなりの違いがある．比較しやすいように大きさを同じにするために平均がゼロとなるようデータの標準化を scale で行った．

　マップの大きさは somgrid(7,7) で指定している．7 行 7 列の 49 個のニューロ

ンを用いている．これは，主に本文で説明しやすくするためである．

あまり大きな数のニューロンを用いるとすべてのパターンが細かく分類される．またあまりに小さな数のニューロンを用いるとおおまか過ぎる分類しかできない．ニューロンの数は，結果をうまく解釈するために重要である．

実行結果は，datasom1$codes の中に保存される．

d. 結果の表示

20–35 行目は結果を表示する部分である．結果は 3 通りの方法で表示する．プロットのオプションの change, mapping そして code は，それぞれ誤差，ラベル付け，ウェイトを表している．

階層クラスタリングのクラスター数は 5 としている．これは，あまり数が少ないと分類がおおまかになりすぎることがある．また，あまり多すぎても解釈が困難なことから 5 に決めた．

8.3.4 学習過程 (changes オプション)

a. 学習過程の確認

自己組織化マップはデータの特徴を学習によって獲得する．学習がうまく行われているかどうかをチェックする必要がある．学習過程を見るためのオプションが changes オプションである．

ニューロンはできるだけ入力パターンを模倣しようとする．これはできるだけニューロンと入力パターンの間の誤差を小さくしようとしていることになる．

すなわち，できるだけ入力パターンに似たニューロンを作ろうとしている．したがって，どれだけ模倣することができたのかしらべる必要がある．

b. 学習過程の表示

プロットコマンドで"changes"を指定すると，上に述べたニューロンとパターンの間の誤差がどのように減少していくかプロットできる．図 8.5 から学習は 100 回行われていることがわかる．

誤差 (距離) が次第に減少し，60 回ぐらいから距離の減少は小さくなり，さらには，最終的には安定した状態に到達することがわかる．

すでにのべたようにデータを単純なニューロンで模倣しようとしているので，完全に誤差がなくなることはない．誤差が安定したところがニューロンの模倣の限界と考えることができる．

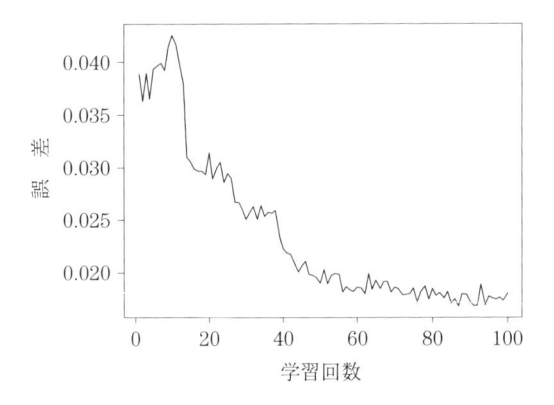

図 **8.5**　誤差の減少過程

8.3.5　ニューロンの解釈 (mapping オプション)

a. ラベル付け

データをグループに分け解釈する．現在最もよく用いられている方法は，ニューロンをそれに最も近いパターンの名前でラベル付を行うことである．自動車のデータでは，ラベルは年月であるので，ニューロンを年月でラベル付けを行うことになる．

mapping は，最も近いパターンのラベル (年のみ) をプロットしたものである．図 8.6 の中で数字で表現されているのが年度に該当する (見やすくするために一部図を修正している)．ニューロンが最もよく反応したパターンのラベルをプロットしている．

b. ラベルによる解釈

図 8.6 を見ると，左下にいくほど 1993 年度 (93 と表記) のデータを表しており，右上にいくほど 2011 年 (11 と表記) のデータを表していることがわかる．

ラベル付けによりこの 20 年は大きく前期，中期，後期に分かれることがわかった．左側が前期の 1990 年代に当たり，真ん中のグループは，だいたい 1999 年から 2006 年までの中期を表している．後期は 2006 年から 2011 年までのデータを表現している．

さらに前期は前半と後半に分かれ，後期は右上の 2009, 2011 年の後半がさらに分離される．

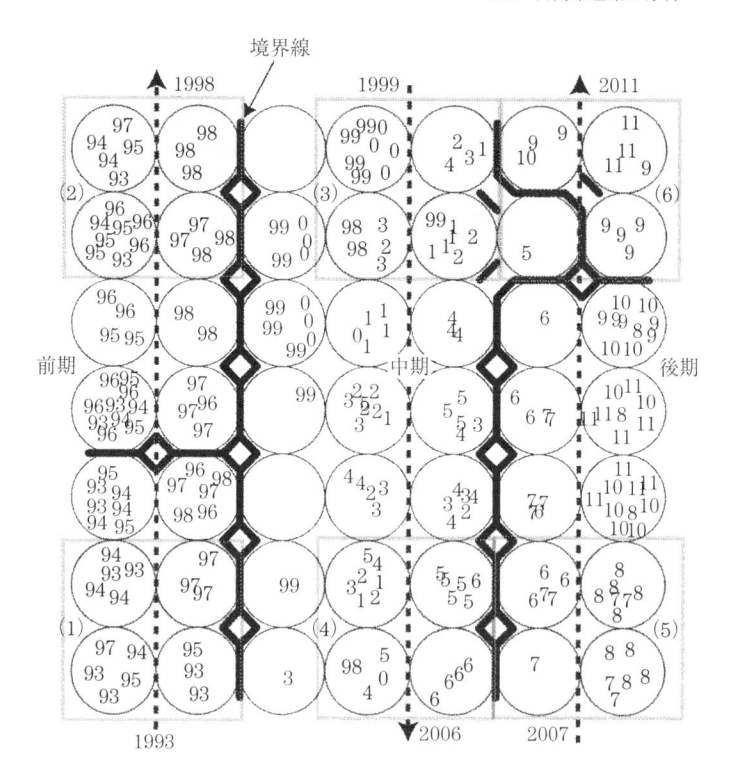

図 **8.6** 年によるラベル付け

8.3.6 ウェイト分析による解釈 (codes オプション)

a. ウェイトの概要

次に前期，中期，後期はどのような意味があるか詳しくしらべてみる．

図 8.7 は各変数のウェイトの大きさを表している．ウェイトは `datasom1$codes` 中に保存されている．

ウェイトにはデータからの情報が圧縮されている．そこでウェイトを見ることによってニューロンが何を意味しているか理解できる．

図 8.7 は各ニューロンと結合しているウェイトをその大きさに比例する扇型のグラフで表している．図 8.6 の (1) から (6) の部分のウェイトを表している．

左下にある最も古い時期から，右上にある最も新しい時代に向けて次第に生産量が減少していることがわかる．全体として生産は縮小しながら軽自動車の生産

146   8 自己組織化マップ

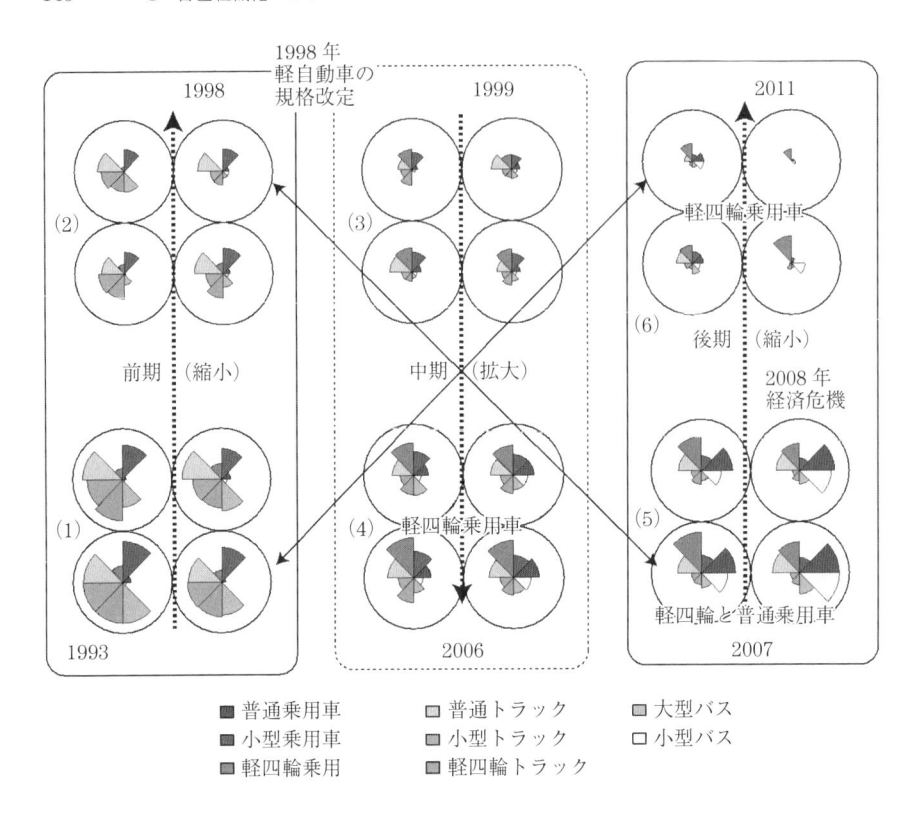

図 8.7 ウェイトの一部

凡例:
- ■ 普通乗用車
- □ 普通トラック
- □ 大型バス
- ■ 小型乗用車
- □ 小型トラック
- □ 小型バス
- ■ 軽四輪乗用
- ■ 軽四輪トラック

が中心となっていくことがわかる．

b. ウェイト詳細

　もう少し細かく見ていくことにする．まず前期は，小型乗用車，バス，トラックが多く生産された．前期を通して (下から上へ)，これらの自動車の生産は次第に減少している．

　中期は，主に軽自動車の生産が大きくなっていく過程である．中期の上側から下側の方向に軽自動車のみ生産が高くなっているのがわかる．

　図 8.7 の右下に示されているように，後期の前半には普通乗用車の生産が大きくなっている．しかし，後期を通して生産は縮小していく．そして軽自動車だけが生産される時期に入っている．

c. 境界線が明確でない場合

グループの間の境界線が明確でない場合は，解釈が困難となる．この場合は，もっとも対立するパターンを探し，少なくともこの対立するパターンを理解すればおおまかな理解は得ることができる．

たとえば，もっとも対立するデータは，マップ上でもっとも距離が大きいデータである．もっとも距離が大きいデータはマップの対角線上に置かれている．

したがって，図 8.7 では，マップの対角線上に位置する部分を理解すればよい．図 8.7 の (1) と (6) は，1993–2011 年にかけて生産が縮小していることがわかる．図 8.6 の (2) と (5) は，1998–2007 年では生産の拡大が見られることを示している．

8.3.7 現実との照合

a. 規格改定

まず，規格改定の事実である．軽自動車の規格改定をしらべてみた結果，1990 年代と 2000 年代を分ける境界線の意味がわかった．この境界に軽自動車についての規格改定の項目を発見することができた．

すなわち，1998 年 10 月，軽自動車の衝突安全性を大幅に向上させた規格改定が行われた．衝突時に軽自動車の乗員を保護するため，それまでに比べ，全長を 100 mm，全幅を 80 mm 拡大する改定であった．

この改定は，主に軽自動車の安全性を高めるもので，この改定により，軽自動車は小型乗用車と同じ程度の安全性を確保できたことになる．このことが現在の軽自動車の販売の増加につながっている．

b. 後期と中期の境界

後期と中期の境界は 2006 年，2007 年頃にある．このとき普通乗用車の増産が行われている．この増産の時期を自己組織化マップは境界線と見た．2008 年には金融恐慌が起きた．この増産と金融恐慌による生産の縮小が同時に起きている．これが日本の自動車産業が金融恐慌に大きな影響を受けた理由であると考える．

8.4 自己組織化マップの問題点

a. 視覚化の問題点

前に述べたように自己組織化マップは，複雑なデータをなるべく単純な形に表現しようとしている．基本原理は，忠実にデータを模倣することにある．複雑なデータをあまりにも忠実に再表現しようとするので，この知識を視覚化すること

が困難となる場合がある．

このため，視覚化のために多くの技術が開発されているし，また多変量解析の手法も動員されている．自己組織化マップから得られた知識を可視化するためにはかなり幅広い神経回路網と多変量解析の理解が必要となる．

b. 結果の安定性

次に結果の安定性の問題である．自己組織化マップから出力される結果は，初期条件，学習回数，ネットワークの大きさに大きく依存している．

したがって，得られた結論が妥当なものであるかどうかを検定することはかなり難しい問題である．

この問題の解決に向け，いろいろな研究が行われてきた．まず，初期値については，単純な乱数を用いるのではなく，主成分分析を用いる方法も一般的になっている．ネットワークの大きさについてもいろいろな経験則が提案されている．

8.5 人工神経回路網のビジネスへの応用

人工神経回路網は，入力データをできるだけコンパクトな知識表現に還元しようとする方法である．

生物においても，入ってくるデータは莫大であり，それをすべて処理することは困難である．生物においては，コンパクトな知識表現をつくり出すことが死活問題となっている．

現在のビジネスでも状況は同じである．大量のデータから必要な情報を取り出すことはビジネスでは最も重要な問題となっている．

自己組織化マップは，複雑なデータを単純化し，2次元平面上に表示することができる．どのような複雑データにも適用することができる．これからのビジネスデータ解析には必須の解析技術となる可能性は高いといえる．

練習問題

8.1 本文ではマップとして7行7列，すなわち49個のニューロンを用いた．ニューロンの数を変えて出力されるマップをしらべよ．たとえば，10行10列のマップは，`grid=somgrid(10,10)`で表現される．

8.2 本文では100回学習を行った．これを500回，1000回に変更すればどのような結果が得られか．またなぜそのような結果が得られるか説明せよ．なお，学習回数は，`somgrid`中で`rlen=500`とすれば500回になる．

8.3 グループ分けの代表的な方法は U 行列とよばれる方法である．これはニューロンとニューロンとの距離を図式化する方法である．次の U 行列を実行し，ニューロン間の境界線を表示させよ．

```
1: ## U 行列の実行
2: plot(datasom1, type = "changes")
3:     ## 誤差の推移
4: plot(datasom1, type = "dist.neighbours")の出力)
5: som.hc <- cutree(hclust(dist(datasom1$codes)), 5)
```

8.4 本文のデータは前期，中期，後期に分かれるようなので，前 (B)，中 (M)，後 (A) のラベルをつけて，マップを観察せよ．

参 考 文 献

2章

山下俊恵，上村龍太郎，高橋隆男，橋本政樹，東海大学総合情報センター新情報教育プロジェクト，ビジュアルデータアナリシス─問題の見える化，東海大学出版会，2007．

遠藤健治，Excelによるデータ処理入門─集計から編集，要約，グラフ化，検定まで，北樹出版，2007．

3章

高橋信ほか，マンガでわかる統計学，回帰分析編，オーム社，2005．

現代統計実務講座テキストⅠ・Ⅱ，実務教育研究所，2007．

エクセルによる多変量解析実務講座テキストⅠ・Ⅱ，実務教育研究所，2009．

4章

金明　哲，Rによるデータサイエンス，森北出版，2007．

5章

田中　豊，垂水共之(編)，Windows版 統計解析ハンドブック，多変量解析，共立出版，1995．

長畑秀和，多変量解析へのステップ，共立出版，2001．

中村永友，多次元データ解析法，共立出版，2009．

B．エヴェリット，RとS-PLUSによる多変量解析，丸善出版，2012．

7 章

熊沢逸夫，学習とニューラルネットワーク，森北出版，1998.

吉富康成，シリーズ非線形科学入門，ニューラルネットワーク，朝倉書店，2002.

8 章

T．コホネン，自己組織化マップ，丸善出版，2012.

徳高平蔵，大北正昭，自己組織化マップとその応用，丸善出版，2012.

徳高平蔵，自己組織化マップとそのツール，丸善出版，2012.

索　　引

欧　文

kohonen パッケージ　　141

R Console　　13

あ　行

因子寄与　　111
因子行列　　104
因子得点　　104
因子負荷量　　103
因子分析　　101
　　―のスクリプト　　109

ウォード法　　79

折線グラフ　　31

か　行

回帰係数　　49
回帰式　　48, 49
回帰直線　　49
回帰分析　　47
階層型ニューラルネットワーク　　119
階層的クラスター分析　　70
学習　　122
学習スクリプト　　125

基本統計量　　25, 33
競合学習　　135

協調学習　　136
共通因子　　103
距離行列　　70

クラスター　　69
クラスター分析　　69
　　―のスクリプト　　78
クロス集計表　　24, 41
群平均法　　79

決定係数　　53
検定　　61

コスト　　119
コメント文　　58

さ　行

最遠隣法　　79
最近隣法　　71, 79
最小二乗法　　50
最小値　　26
最大値　　26
最頻値　　26
散布図　　33

自己組織化マップ　　133
　　―のスクリプト　　141
重回帰分析　　56
　　―のスクリプト　　59
重心法　　79
樹形図　　71

― 153 ―

主成分負荷量　86
主成分分析　83
　——のスクリプト　95
順序尺度　22

スクリプト　14

絶対参照　12
切片　50
説明変数　48

相関行列　85
相関係数　28, 33
相対参照　11

た　行

第1因子負荷量　104
単回帰分析　50
単純集計表　24

中央値　25

データの標準化　65
データの要約　21

特殊因子　103
度数分布表　22

な　行

2次元グラフ　117

は　行

バリマックス回転　105
範囲　27
非階層的クラスター分析　70

被説明変数　48
p 値　62
ピボットテーブル　29, 32
標準偏差　27
標本　61
非類似性行列　70

複合参照　12
プロフィール距離行列　73
分散　27
分散共分散行列　85

平均　25
偏差　52
偏差積和　52
偏差平方和　52
変動係数　27

棒グラフ　29
母集団　61

ま　行

名義尺度　22
メジアン → 中央値

モード → 最頻値

や　行

有意水準　61
ユークリッド距離　70

ら　行

流行値 → 最頻値

レンジ → 範囲

明日からビジネスで使える！
ExcelとRによるデータ解析入門

平成 26 年 7 月 25 日　発　行

著　者
上　村　龍太郎
北　島　良　三
竹　内　晴　彦
山　下　俊　恵
吉　岡　　　茂

発行者　池　田　和　博

発行所　丸善出版株式会社
〒101-0051　東京都千代田区神田神保町二丁目17番
編集：電話 (03) 3512-3266／FAX (03) 3512-3272
営業：電話 (03) 3512-3256／FAX (03) 3512-3270
http://pub.maruzen.co.jp/

Ⓒ Ryotaro Kamimura, Ryozo Kitajima, Haruhiko Takeuchi,
Toshie Yamashita, Shigeru Yoshioka, 2014

印刷・製本／三美印刷株式会社

ISBN 978-4-621-08664-3 C 3041　　Printed in Japan

JCOPY 〈(社)出版者著作権管理機構　委託出版物〉
本書の無断複写は著作権法上での例外を除き禁じられています．複写される場合は，そのつど事前に，(社)出版者著作権管理機構（電話 03-3513-6969，FAX 03-3513-6979，e-mail：info@jcopy.or.jp）の許諾を得てください．